重構未來的開發體驗,從 GitHub Copilot 開始

在當代軟體開發的世界,開發人員不再只是撰寫程式碼,更是面對龐大技術堆疊、緊湊交付時程與高度程式碼安全性要求的解決方案設計者。從反覆性的程式語法撰寫,到複雜架構的邏輯推理,每一位開發人員都承載著龐大的工作壓力與心智能量消耗。

面對這樣的挑戰,我們迫切需要一位可靠的開發人員專屬「副駕駛」。

GitHub Copilot,正是這樣一位能與開發人員並肩作戰的 AI 夥伴。它不僅能根據開發前後文的脈絡即時產生精準的程式碼配對建議,更透過自然語言理解與多模型協作,幫助開發者快速啟動專案、程式式除錯、撰寫單元測試,甚至優化程式碼架構⋯等。根據 GitHub 與多家機構的研究顯示,Copilot 能有效提升程式碼品質、縮短開發時程,並大幅改善開發者體驗。

在我們推動創新的過程中,AI 不再只是輔助工具,而是軟體開發生命周期中不可或缺的核心引擎。GitHub Copilot 的應用導入,不只是提升生產力,更在程式碼安全、自動化協作與知識技能移轉方面,為開發流程帶來深遠影響。

我誠摯推薦各位讀者深入閱讀本書,理解 GitHub Copilot 在不同開發環境與情境下的應用方式,並探索如何將其納入團隊文化與 DevOps 流程,進一步強化開發效率與工程品質。

致未來的開發者,您將不再孤軍奮戰。讓我們攜手 AI,重構開發體驗,迎向更具創造力與競爭力的數位未來。

最後,要特別感謝政廷投入大量心力,完整整理 GitHub Copilot 的應用情境與技術實務,為開發者社群提供一份極具參考價值的實戰指南。這不僅是一本工具書,更是一份推動 AI 開發革新的實用資產。

Daniel Tsai 蔡景鷹

副總經理暨首席技術架構師

微軟創新中心

推薦序

　　Duran Hsieh（謝政廷）是連續多年微軟技術社群最有價值專家（MVP），他專業進展，善於快速捕捉市場動態。在人工智慧浪潮席捲全球的今日，程式開發領域正面臨著前所未有的變革。GitHub Copilot 的問世，無疑為這場變革注入了一股強勁的動力。它不僅是一款工具，更是一位能夠與開發者並肩作戰的「AI 副駕駛」，正在重新定義著程式開發的未來。本書《GitHub Copilot 讓你寫程式快 10 倍，AI 程式開發大解放！》的出版，正是對這股新興力量的最佳詮釋。

　　作者以深入淺出的筆觸，全面剖析了 GitHub Copilot 的核心技術、功能應用以及最佳實踐，為廣大開發者開啟了一扇通往高效開發的大門。書中，您將能深入了解 GitHub Copilot 背後的 AI 模型 Codex 如何透過自然語言理解開發者意圖，進而即時產生精準的程式碼建議。不論是撰寫函式、測試案例，或是跨語言轉換，Copilot 都能顯著提升開發效率與程式品質。

　　這是一本不容錯過的技術指南，無論您是初學者還是資深工程師，都能從中找到提升自我與迎向未來開發模式的關鍵啟發。

Christina Liang

GCR Community Program Manager

Microsoft

作者序

　　近年來，人工智慧技術正以前所未有的速度改變我們的生活、工作方式與日常習慣。從生成式模型延伸多種應用，AI 的能力早已不再侷限於理論或研究機構，而是深入每個產業的實務場景。原以為軟體開發領域會因高度邏輯性與人為創意而較不受 AI 衝擊，但這波技術浪潮卻顛覆了過往的想像。AI 對於程式開發所帶來的變革，已經不只是「輔助」，而是深度「重塑」開發者的日常流程與專案節奏。

　　GitHub Copilot，這項由 GitHub 與 OpenAI 合作推出的 AI 工具，正為全球開發者帶來前所未有的效能提升。它不僅能快速產生程式碼、協助除錯與撰寫測試，更讓開發者得以從瑣碎重複的程式撰寫中解放，將心力集中於解決更具挑戰性的問題上。這樣的工作模式，強化了「心流」的體驗，也提升了軟體開發的滿足感與信心。無論是撰寫基礎程式、探索新技術語言、還是優化現有架構，Copilot 都展現出強大的適應能力與實用價值。

　　然而，GitHub 的野心遠不止於此。近年來，它陸續推出了 GitHub Copilot Extension、GitHub Workspace、GitHub Spark 等產品，讓我們看到從需求規劃、程式生成、自動測試、建置部署到系統監控與自動修復的完整 DevOps 流程，皆可透過 AI 與平台深度整合。甚至結合 low-code / no-code 工具，讓開發者與非開發者能在同一平台共同打造應用，GitHub 正在打造一個開發者為核心，橫跨整個軟體生命週期的智慧開發新世界。

　　在許多電影作品的渲染下，AI 常被描繪為威脅人類職涯的黑天鵝，這也在社會中引發了不少焦慮與誤解。然而，恐懼從來不是面對技術進步的最好方式。我們需要做的，是理解 AI 背後的原理，培養正確的操作習慣與倫理意識，並透過實踐與反思，找出人與 AI 共存與共創的路徑。GitHub Copilot 並非取代開發者，而是讓開發者能更像創作者，能更專注於設計、邏輯與價值。唯有敬畏技術、紮實學習、穩健應用，才能真正掌握 AI 時代的主動權。

作者序

Duran Hsieh（謝政廷）
台積電主任工程師
微軟最有價值專家
GitHub Star
Study4TW 核心成員

目錄

1 AI Pair Programming - GitHub Copilot

GitHub Copilot 介紹 1-2

GitHub Copilot 使用者提示與處理流程 1-4

為什麼要使用 GitHub Copilot 1-9

GitHub Copilot 訂閱方案與功能比較 1-16

2 開始使用 GitHub Copilot

啟用 GitHub Copilot 2-2

Visual Studio Code 設定 GitHub Copilot 2-7

Visual Studio 內設定 GitHub Copilot 2-19

JetBrains IDEs 內設定 GitHub Copilot 2-25

3 GitHub Copilot 基本功能介紹

自動完成程式碼方式提供建議 3-2

註解方式撰寫程式 3-10

聊天方式撰寫程式 – GitHub Copilot Chat 3-13

GitHub Copilot 多種模型協作 3-26

最佳使用情境 3-29

查看 GitHub Copilot 是否建議相符合公共程式碼 3-30

GitHub Copilot Edits：高效開發的新利器 3-35

出一張嘴寫程式 – 使用語音輸入與 GitHub Copilot Chat 互動 3-42

斜線命令 (Slash Command) 3-45

聊天參與者 (Chat participants) 3-58

5

目錄

聊天變數 (Chat variables) 3-65
效能分析工具使用 GitHub Copilot (Visual Studio) 3-75
Debugging 與 Diagnostics (Visual Studio) 3-78

4 GitHub.com/Mobile 使用 GitHub Copilot

GitHub Copilot 在 GitHub 網站應用 4-2
GitHub Copilot 在 GitHub 行動應用程式應用 4-8
關於 Repository 探索性問題 4-13

5 GitHub Copilot 各種使用案例

解釋程式碼與說明錯誤訊息 5-2
解釋程式碼方式進行 Code Review – 小鴨除錯法 5-6
檔案格式轉換 5-9
正規表示式 5-17
產生單元測試 5-23
產生說明文件 5-34
從現有 Web API 程式生成請求指令並執行網路測試 5-42
透過 Open API 描述檔案產生 WebAPI 應用程式 5-44
程式語言學習與轉換 5-48
透過 Mermaid 延伸模組產生圖表 5-54

6 GitHub Copilot 與 DevOps 整合應用

GitHub Copilot 與 DevOps 6-2
善用 GitHub Copilot 生成與學習 Dockerfile 與 docker-compose.yml ... 6-4
自動產生 Commit Message 6-9
自訂 GitHub Copilot 指令 6-11

目錄

  自動產生 Pull Request Summary 6-16
  持續整合與持續交付自動化工作流程 6-18
  生成 Kubernetes 描述檔案 (GitOps & Helm Chart) 6-23
  GitHub Copilot Code Review (Preview) 6-27
  GitHub Copilot AutoFix (Preview) 6-35

7 提示工程與最佳實踐

  提示工程原則 7-3
  提示撰寫最佳實踐 7-5
  從 0 開始的樣本學習 7-10
  結論 7-13

8 GitHub Copilot 相關服務

  GitHub Copilot Extension 8-2
  GitHub Workspace 8-3
  GitHub Spark 8-10

9 GitHub Copilot 挑戰與限制

  常見迷思與問題 9-2
  版權與倫理 9-5
  工具限制與未來展望 9-6

10 參考資料

AI Pair Programming
- GitHub Copilot

- GitHub Copilot 介紹
- GitHub Copilot 使用者提示與處理流程
- 為什麼要使用 GitHub Copilot
- GitHub Copilot 訂閱方案與功能比較

1 AI Pair Programming - GitHub Copilot

▶ GitHub Copilot 介紹

GitHub Copilot 是一款由 GitHub 和 OpenAI 合作開發的 AI 程式開發助理，目的在於幫助開發人員更有效率的撰寫程式碼與完成開發相關工作。Copilot 一詞通常用於航空領域，意思是「副駕駛員」，指飛機駕駛艙中協助主駕駛（機長）操作的飛行員。GitHub 使用「Copilot」這個名稱的目的是比喻它是一位能協助開發者的「副駕駛」：一位經驗豐富的程式設計夥伴，能依據目前既有程式碼上下文與註解，以自動完成方式即時提供程式碼建議，也提供諮詢、解釋程式碼、除錯…等功能，讓開發程式過程順暢並降低人為失誤，而非取代開發人員直接完成程式碼撰寫工作。

注意：身為正駕駛需要對於 Copilot 的建議進行審查與決策，期待 Copilot 能完成所有工作並不切實際，上下文資訊不完整或不精準的提示可能產生不符合情境或不安全的程式碼。

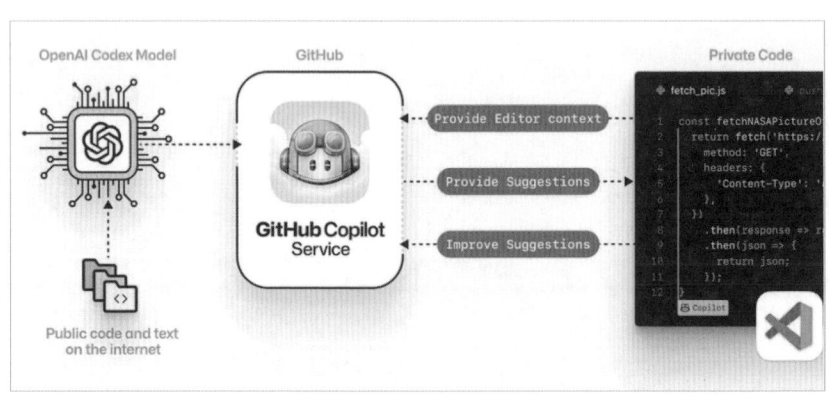

▲ 1-1 GitHub Copilot

GitHub Copilot 採用的核心技術是 OpenAI Codex。OpenAI Codex 是 GPT-3 的後代，訓練數據包含自然語言以及數十億行來自公開可用來源的原始碼，包括 GitHub 公開儲存庫中的程式碼。Codex 對 Python 的支援最為全面，但同

時也能處理超過十多種程式語言，包括 JavaScript、Go、Perl、PHP、Ruby、Swift、TypeScript，甚至是 Shell 指令。相較於 GPT-3，Codex 在處理 Python 程式碼時的記憶體容量更大（14KB vs 4KB），能夠考慮更多上下文資訊，使其在產生程式碼方面更為精確。此外，Codex 繼承了 GPT-3 的自然語言理解能力，但進一步優化為能夠產生可執行的程式碼，讓開發者可以直接使用英文指令控制任何具有 API 的軟體。

隨著開源程式碼的數量與多樣性不斷增加，GitHub Copilot 也能持續學習與優化，因此「越多公開文件與 GitHub 公開儲存庫，就代表 Copilot 能提供更強大的程式碼產生能力」。也因為如此，只要存在於公開文件的程式語言，GitHub Copilot 即有支援。

GitHub Copilot 主要由自動產生程式碼功能與 GitHub Copilot Chat 所組成。前者在整合開發環境 (integrated development environment，IDE) 中，以自動完成方式於編輯器上產生程式碼建議；GitHub Copilot Chat 則是以聊天互動方式，請 GitHub Copilot 給予解答或程式碼建議。目前可以在 GitHub.com、GitHub Mobile 或部分整合開發環境使用 GitHub Copilot。

▲ 1-2 GitHub Copilot 主要由自動產生程式碼功能與 GitHub Copilot Chat 所組成

GitHub Copilot 能提升整體開發者體驗，讓開發者擺脫繁瑣的基礎程式碼撰寫，進而專注於解決更具挑戰性的問題。在這樣的工作模式下，開發者能保持更長的流暢工作時間，並因為快速、高品質的開發成果而提升自信和滿足感。同時，GitHub Copilot 適用於各種情境，包括重複性的日常開發工作、強化程式碼品質以及學習新技術或程式語言。在後續的章節中，我們將更深入探討每項功能與優勢，以及如何在實際專案中充分運用 GitHub Copilot。

1 AI Pair Programming - GitHub Copilot

▶ GitHub Copilot 使用者提示與處理流程

GitHub Copilot 的核心功能，在於能夠即時解析使用者輸入的提示（Prompt），並根據程式碼上下文產生對應的建議。要想善用此工具，就必須理解其背後的運作機制與流程。

什麼是提示（Prompt）

在與 GitHub Copilot 互動時，開發者無論是輸入程式碼、註解、或自然語言描述，這些都可視為「Prompt」。GitHub Copilot 會根據這些提示來推斷開發者的意圖：例如開發者目前要撰寫函式邏輯、測試程式碼，或產生一段合適的演算法範例。下列是不同的提示類型：

- 自然語言描述：開發者可能直接在註解中以人類語言描述需求，例如「撰寫一個計算兩數總和的函式」進行提示。

- 程式碼片段：既有程式碼、函式簽名或變數宣告等，都能提供 GitHub Copilot 作為額外的上下文參考，GitHub 將透過這些既有內容產生程式碼建議。

- 混合式提示：某些時候，開發者會用自然語言描述需求搭配既有程式碼結構，令 GitHub Copilot 更準確地預測並提供整段實作細節。

提示處理流程

GitHub Copilot 在接收到使用者提示後，會分別進行「輸入」與「產出」兩大流程，最終產生程式碼建議或回應。以下將依序說明整個流程的關鍵步驟。

GitHub Copilot 使用者提示與處理流程

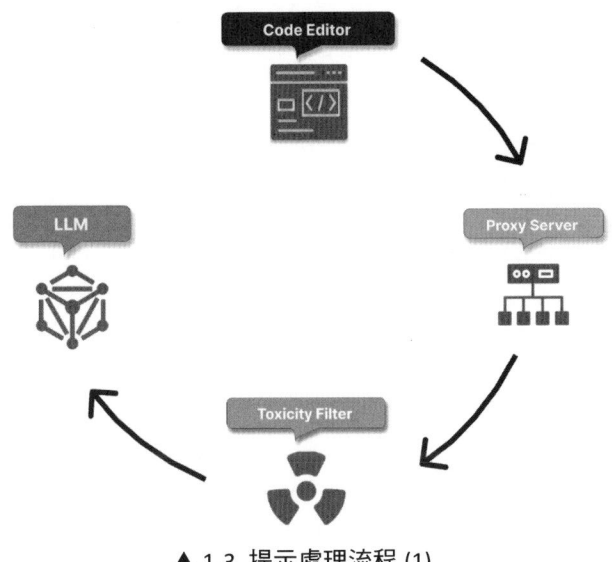

▲ 1-3 提示處理流程 (1)

1. 安全的提示傳輸與情境收集

整個流程首先會透過 HTTPS 安全地傳輸使用者的提示（例如 Copilot Chat 與程式碼中的自然語言註解），以確保任何敏感資訊都能受到保護並安全地送抵 GitHub Copilot 伺服器。接著，Copilot 會收集周邊的情境資訊，包括：

- 游標位置前後的程式碼（約 400 字元程式碼內容）：協助 Copilot 理解提示的前後脈絡。
- 檔案名稱與類型：依據不同檔案類型產生更精準的程式碼建議。
- 相鄰已開啟標籤的相關內容：確保新產生的程式碼能與專案中的其他程式碼相容。
- 專案結構與檔案路徑：使 Copilot 更能掌握整體專案架構。
- 程式語言與框架資訊：讓 Copilot 可針對不同語言與框架，提供更貼合需求的建議。

在蒐集了上述資訊後，Copilot 會利用 Fill-in-the-Middle (FIM) 技術，將前後的程式碼內容一併考量，借此擴充模型的理解範圍並產生更準確且相關的

程式碼建議。這樣的流程設計不僅兼顧了使用者隱私，也確保新產生的程式碼與專案脈絡保持高品質與一致性。

2. Proxy 篩選與毒害篩選

完成第一階段情境收集後，所有提示都會被安全地傳送到於 Microsoft Azure（由 GitHub 所擁有租用戶）的 Proxy 伺服器。這個 Proxy 主要負責篩選流量，防止惡意利用或嘗試破解提示。當 Copilot 的代理伺服器接收到請求後，它會：

1. 解密資料，並將其存放於 RAM 中（不會長期儲存）。
2. 執行資料過濾（Data Filtering），確保不含個人識別資訊（PII, Personally Identifiable Information），例如：IP 位址、電子郵件地址、GitHub 相關 URL。這些資訊會在送往 OpenAI 模型之前被移除，以確保隱私安全。
3. 執行「有害內容過濾（Toxicity Filtering）」
   - GitHub Copilot 內建 Microsoft 負責任 AI（Responsible AI）的**毒性過濾機制**，會移除仇恨言論、髒話，以及濫用模型的請求。
   - 若發現不當內容，Copilot 會直接忽略該請求。
4. 執行程式碼分類（Code Classification）
   - 判斷請求內容是否為程式碼？
   - 如果是程式碼，判斷其語言類型（Python、Java、C++ 等）
   - 確定要使用的最佳模型

重要的是，這些資料處理全部都發生在 RAM 內，不會儲存至磁碟（即不會留存數據）。

3. 使用 LLM 產生程式碼

在完成 Proxy 篩選後，請求會被重新加密，然後傳送至 GitHub Copilot 所使用的 OpenAI 模型。OpenAI 模型生成程式碼建議流程為：

GitHub Copilot 使用者提示與處理流程

1. 模型會根據請求的程式語言（Java、Python 等）選擇最佳化的建議方式
2. 使用「應用統計學（Applied Statistics）」的方法來計算最可能的回應
3. 將請求內容分解為「標記（Tokens）」並進行語言建模

舉例來說，當輸入 public：

- 在 Java 中，最有可能的下一個詞是 class
- 當 public class 出現時，下一個可能的詞通常是類別名稱
- 再例如，當輸入 public static：
- Java 內最常見的模式是 public static void main，因此 GitHub Copilot 會傾向建議 void main(String[] args) {}。

模型透過這種**統計學習方式**，計算出最可能的回應，並產生符合語法與上下文的建議。隨著訓練數據的增加，模型的回應會變得更準確。最後，生成的回應會被**加密並傳回** GitHub Copilot 代理伺服器，進行輸出處理（Outbound Data Flow），然後顯示在你的程式碼編輯器中。

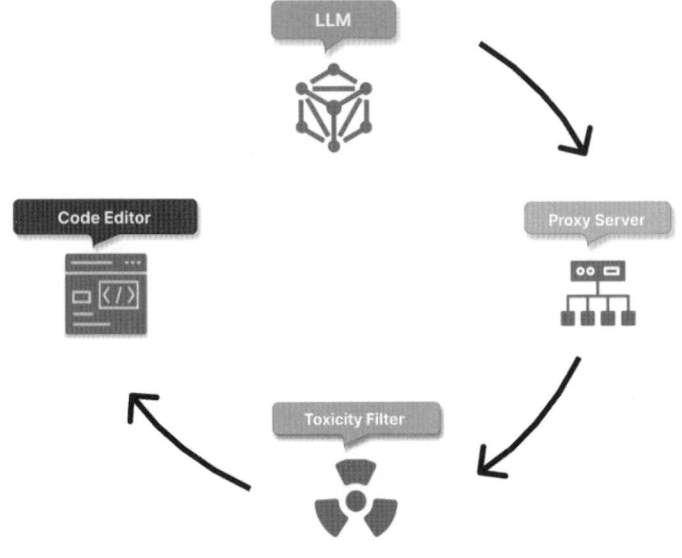

▲ 1-3 提示處理流程 (2)

4. 後處理和回應驗證

當 OpenAI 模型完成程式碼建議後，這些建議會被傳回到代理伺服器（Proxy Server），進行一系列處理，與輸入資料流相同，這些建議需要通過多個過濾機制，確保最終提供給使用者的內容是安全且可靠的。主要包含：

- 程式碼品質檢查：檢查並排除常見的安全弱點（如 XSS 或 SQL 注入）與程式碼錯誤。
- 意圖分類（Intent Classifier）：確保使用者的請求與撰寫程式碼相關，過濾掉與開發無關的內容。
- 公開程式碼比對（選擇性）：系統管理員可啟用此篩選，避免 Copilot 傳回與 GitHub 上現有公開程式碼過度相似（超過 150 字元）的內容，防止內容重複造成版權或隱私疑慮。
- 有害內容過濾（Toxicity Filter）：用於移除仇恨言論、不雅字詞或任何不適當的內容
- 身份識別過濾（Identity Filter）：移除可能包含 個人識別資訊（PII，Personally Identifiable Information）。

若回應的任何部分未能通過上述檢查，該區段將會被截斷或捨棄。

5. 建議傳遞與意見反應迴圈起始

只有通過所有篩選器的建議才能最終傳回給使用者。此時，Copilot 會根據使用者的動作（例如接受、修改或拒絕建議）來啟動回饋迴圈，目標在於：

- 從已接受的建議中學習最佳實踐
- 利用修改與拒絕狀況來優化未來建議

6. 重複迭代與持續改進

隨著開發者提供更多提示，GitHub Copilot 會持續接收新需求並理解其意圖，不斷產生相對應的程式碼建議。透過持續累積的回饋與互動數據，

Copilot 能逐漸加深對專案與使用者偏好的了解，不斷優化建議的準確度與品質。

透過上述流程，我們可以看出，GitHub Copilot 不僅著重安全性與隱私保護，也致力於在程式碼品質與使用者體驗之間取得平衡。未來，隨著更多迭代與持續改進，GitHub Copilot 仍將持續成長，為開發者帶來更加強大的 AI 輔助能力。

▶ 為什麼要使用 GitHub Copilot

在當今 AI 技術快速發展的時代，軟體開發者面臨的專案規模日益擴大，需求的複雜度也與日俱增。GitHub Copilot 大型語言模型（LLM）的強大能力，為開發人員即時提供多元化的程式碼建議，不僅減少查詢與輸入的時間，更能幫助工程師將精力集中在高階邏輯思考與創意解決方案上。

當然，一款工具是否真正好用，不能僅憑感受來判斷，而需要實際研究數據來驗證其價值。以下是官方提供的研究報告，總結了 GitHub Copilot 帶來的核心優勢：

「Research: Quantifying GitHub Copilot's impact in the enterprise with Accenture」[1]

在此篇研究報告，GitHub 與 Accenture 合作，研究開發人員如何將 GitHub Copilot 整合到日常工作流程，結果顯示多個方面都有顯著提升，包括：

- 發現 GitHub Copilot 價值並快速納入日常開發工具
  - 81.4% 的開發人員在獲得授權的當天就安裝了 GitHub Copilot 的 IDE 擴充功能。
  - 96% 安裝了 IDE 擴充功能的使用者在當天就開始接收並接受建議。
  - 43% 的開發人員認為 Copilot「極易使用」。

1 AI Pair Programming - GitHub Copilot

- ◆ 67% 的受訪者每週至少使用 GitHub Copilot 5 天,平均每週使用 3.4 天。
- 透過 GitHub Copilot 提升程式碼品質
  - ◆ 開發人員接受了約 30% 的 GitHub Copilot 建議。
  - ◆ 開發人員在編輯器中保留了 88% 的 GitHub Copilot 生成字元。
  - ◆ 開發人員在 Pull Request 數量上增加了 8.69%,合併率提升了 15%。
  - ◆ CI 成功建置 (Build) 數量增加了 84%。
- 提升開法者體驗
  - ◆ 90% 的開發人員表示,使用 GitHub Copilot 讓他們對工作更有滿足感。
  - ◆ 95% 的開發人員表示,Copilot 讓他們更享受轉寫程式碼過程。
  - ◆ 70% 的開發人員表示,處理重複性工作的心智能量消耗顯著降低。
  - ◆ 54% 的開發人員表示,使用 GitHub Copilot 減少了搜尋資訊或範例的時間。

「Quantifying GitHub Copilot's impact on code quality」[2]

GitHub 官方發佈 GitHub Copilot Chat 研究報告。主要以開發人員能夠使用 GitHub Copilot Chat 來獲取即時指導、提示、故障排除、修正方案及專為其特定編碼挑戰量身打造的解決方案。

- GitHub Copilot Chat 可提升程式碼品質
  - ◆ 85% 開發人員編寫程式碼時,對其程式碼品質更有信心。
  - ◆ Code Preview 完成速度加快 15%(即使是首次使用者)。
  - ◆ 88% 開發人員 表示,使用 GitHub Copilot Chat 可以幫助他們保持專注,減少挫敗感,並讓編碼變得更加愉快。

「The economic impact of the AI-powered developer lifecycle and lessons from GitHub Copilot」[3]

此研究來自 GitHub、Keystone.AI 分析公司及哈佛商學院教授 Marco Iansiti 共同進行的研究，對 934,533 名 GitHub Copilot 使用者進行大規模樣本分析，。研究目標是探索生成式 AI（Generative AI）對開發人員生產力、全球經濟及開源生態系的短期與長期影響。

- GitHub Copilot 接受度
    - 在 GitHub Copilot 推出第一年內，開發人員平均接受 30% 的 Copilot 代碼建議，並且普遍回報這些建議提升了生產力。
    - 隨著開發人員對 Copilot 越來越熟悉，接受率持續提高，但仍有發展空間。
- 經驗較少的開發者能從 GitHub Copilot 獲得更大幫助
    - 較少經驗的開發者 在使用 Copilot 時獲得的優勢更大。
    - 透過 AI 輔助工具提升技能，開發人員能夠更熟練地與 AI 互動，提高開發效率。
    - 這種學習模式將促進軟體開發自主化，縮小人才缺口，並讓 AI 配對程式碼發工具成為標準開發教育的一部分。
- 更迅速且更快樂的開發者
    - 開發人員使用 Copilot 完成任務的速度提升 55%。
    - 在開啟 Copilot 的檔案中，46% 的程式碼由 AI 自動完成。
    - 75% 的開發人員表示，使用 Copilot 讓他們的工作更有成就感。
    - 開發人員認為，AI 工具的最大優勢是提升程式語言技能，進而讓工作體驗更加愉快。
- 對企業影響
    - 92% 的開發人員在工作內外皆使用 AI 工具，顯示這些工具正迅速改變開發體驗。

1 AI Pair Programming - GitHub Copilot

◆ 已超過 20,000 家企業使用 GitHub Copilot for Business。

「Does GitHub Copilot improve code quality? Here's what the data says」[4]

GitHub 招募了 202 位開發人員（皆具備至少五年開發經驗）進行研究，並隨機分配：

- 一半開發人員獲得 GitHub Copilot 的使用權限
- 另一半則被要求不使用任何 AI 工具

參與者均被要求完成撰寫 Web 伺服器 API 端點的開發任務。隨後，我們透過單元測試（Unit Tests）與專家審查的方式評估程式碼品質。

- 功能性提升：
    ◆ 使用 GitHub Copilot 的開發人員，通過所有 10 項單元測試的機率提升了 53.2%（$p<0.01$）。
- 可讀性提升：
    ◆ 盲測審查結果顯示，使用 GitHub Copilot 撰寫的程式碼，閱讀錯誤顯著減少。
    ◆ 使用 Copilot 的開發人員每 18.2 行程式碼 才會出現 1 個可讀性錯誤，而未使用 Copilot 的開發人員則是 16 行（提升 13.6%，$p=0.002$）。
- 整體程式碼品質提升
    ◆ 可讀性 +3.62%（$p=0.003$）。
    ◆ 可靠性 +2.94%（$p=0.01$）。
    ◆ 可維護性 +2.47%（$p=0.041$）。
    ◆ 簡潔性 +4.16%（$p=0.002$）。
    ◆ 這些數據皆達到統計顯著性，且與 2024 DORA Report 的發現一致。

- Code Review 批准率提高：
    ◆ 開發人員對 GitHub Copilot 產生的程式碼批准率提升 5%（p=0.014），表示該程式碼能更快地通過審查並併入專案，加速修復錯誤與新功能部署。

「Survey reveals AI's impact on the developer experience」[5]

GitHub 與 Wakefield Research 合作，邀請了 500 位美國企業開發者，研究 AI 如何改變開發者體驗。開發者體驗（Developer Experience, DevEx）決定了開發者能夠多高效、多具生產力地超越標準、進入「心流狀態（Flow State）」，這對於開發者的生產力會有實質影響。下列是使用者目前在使用者體驗遭遇的問題。

- 等待編譯與測試仍然是個問題：儘管業界已大規模投資 DevOps，開發者仍表示，在撰寫程式碼之外，最耗時的工作就是等待編譯（Builds）和測試（Tests）完成。
- 開發者希望有更多協作機會：企業環境中的開發者平均與 21 位工程師 共同參與專案，他們希望將協作納入績效評估指標。
- 開發者希望績效評估標準重視「程式碼品質」與「協作能力」，而非僅僅關注產出數量與效率。

評估標準	目前企業採用	開發者認為應該採用
產出數量	☑ 常見	✘ 不應是唯一標準
錯誤修正數	☑ 常見	☑ 重要，但更應重視修正方式
程式碼品質	✘ 很少被考量	☑ 應該是核心標準
團隊協作	✘ 低於 33% 的企業考量	☑ 開發者認為應與程式碼品質同等重要

1 AI Pair Programming - GitHub Copilot

多數使用者，認為使用 AI 可以提升使用者體驗：

- AI 已經普及並被廣泛應用：92% 的美國開發者已經在工作與生活中使用 AI 程式設計工具。

- 70% 的開發者認為 AI 程式設計工具能幫助他們在工作中獲得競爭優勢，包括提升程式碼品質、加快開發速度、提高錯誤修正效率等主要優勢。

- 超過 80% 的開發者 預期 AI 程式設計工具將使團隊更具協作性。

「AI at Work Is Here. Now Comes the Hard Part」[6]

這份報告探討了 AI 與勞動市場的關係，由 微軟（Microsoft）與 LinkedIn 共同進行，深入研究 AI 如何重塑職場與就業市場，並針對 31 個國家、31,000 名受訪者進行調查。

儘管許多人擔憂 AI 可能導致工作流失，但企業領導者卻指出，關鍵職位仍然面臨人才短缺。隨著越來越多員工尋求職業轉型，AI 技能正迅速成為與工作經驗同等重要的競爭力。對許多專業人士來說，AI 不僅提高了職場進入門檻，更提供了突破職業天花板的機會。

以下是本研究的主要發現：

- 66% 的企業領導者表示，他們不會聘用不具備 AI 技能的求職者。

- 71% 的領導者表示，他們寧願聘用一位較缺乏經驗但擁有 AI 技能的求職者，而不是一位經驗更豐富但沒有 AI 技能的求職者。

- 對於職場新手來說，AI 或許帶來新的競爭優勢：77% 的領導者認為，隨著 AI 的發展，初入職場的人才將被賦予更多責任。

為什麼要使用 GitHub Copilot

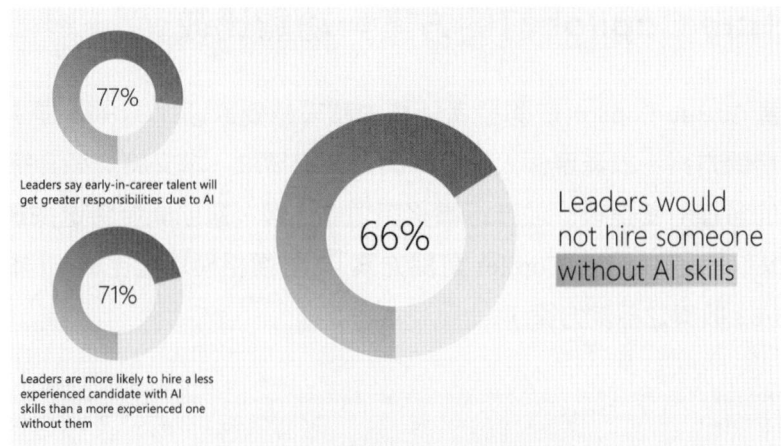

▲ 1-4 AI 技術在就業市場的競爭力

- 76% 的人表示，他們需要 AI 技能才能在就業市場中保持競爭力。

- 69% 的人認為 AI 可以幫助他們更快獲得升遷，而更多人相信（79%）AI 技能將擴展他們的就業機會。

- 非技術專業人士學習 AI 相關課程的需求大幅增加，在 LinkedIn Learning 上專門為提升 AI 能力而設計的課程，學習率上升了 160%，其中專案經理、建築師和行政助理是提升技能的主要人群。

- 全球 LinkedIn 會員新增 AI 技能（如 ChatGPT 和 Copilot）到個人檔案的次數增加了 142 倍，其中作家、設計師和行銷人員更是名列前矛。

綜觀多篇 GitHub 官方研究報告、Microsoft News 關於金融業導入 GitHub Copilot 的案例，以及相關量化數據，都顯示出 GitHub Copilot 在生產力、程式碼品質、開發者幸福感以及企業級專案管理等各方面，均具備顯著的正面價值。工程師透過 Copilot 減少了程式碼撰寫與除錯的負擔，能將更多心力投注於策略性與創造性的任務；同時，整體就業市場對 AI 工具運用能力的需求也日益高漲，特別是在金融業這種特別重視合規與高可靠度的領域。從團隊與企業的角度看，導入 Copilot 不但符合「AI 化」與「自動化」的整體技術發展趨勢，亦能降低人為風險並實現更佳的程式碼維護性與開發效率，值得持續深入評估與應用。

1 AI Pair Programming - GitHub Copilot

▶ GitHub Copilot 訂閱方案與功能比較

隨著 GitHub Copilot 在開發者社群中越來越受歡迎，GitHub 提供了多種不同的 訂閱方案，以滿足個人、團隊與企業的需求。本文將詳細介紹 GitHub Copilot 的各種訂閱選項，並進行價格與功能比較，幫助開發者選擇最適合的方案。以下是各 GitHub Copilot 訂閱方案 [7] 的價格與功能比較：(本資料為 2025/03/03 收集之訂閱方案)

功能 / 訂閱方案	Copilot Free	Copilot Pro	Copilot Business	Copilot Enterprise
價格	不適用	$10 USD/月 或 $100 USD/年（部分用戶免費）	$19 USD/每位授權使用者/月	$39 USD/每位授權使用者/月
IDE 內的程式碼補全	每月 2000 次補全	✓	✓	✓
IDE 內的 Copilot Chat	每月 50 則訊息	✓	✓	✓
GitHub Mobile 內的 Copilot Chat	✓	✓	✓	✓
GitHub 內的 Copilot Chat	✓	✓	✓	✓
Windows Terminal 內的 Copilot Chat	✓	✓	✓	✓
CLI 內的 Copilot	✓	✓	✓	✓
阻擋與公開程式碼相符的建議	✓	✓	✓	✓
Copilot PR 摘要	✗	✓	✓	✓
IDE 內的 Copilot Chat 技能	✗	✓	✓	✓
排除特定檔案不使用 Copilot	✗	✗	✓	✓
企業級政策管理	✗	✗	✓	✓
審計日誌	✗	✗	✓	✓
提高 GitHub 模型的速率限制	✗	✗	✓	✓
Copilot 知識庫	✗	✗	✗	✓
微調自訂大型語言模型 (有限公開預覽)	✗	✗	✗	✓

▲ 1-5 GitHub Copilot 訂閱方案 (2025/03/03)

對於個人開發者和小型開發團隊而言，GitHub Copilot Free 或 Pro 版本已經提供了開發所需的核心功能。若團隊需要集中管理訂閱、SSO（單一登入）機制、審計日誌等安全與管理功能，則建議升級至 GitHub Copilot Business。而大型企業若需更完善的安全策略與進階管理機制，GitHub Copilot Enterprise 則是最佳選擇。

使用需求	推薦方案	說明
個人開發者，希望提高程式碼效率	GitHub Copilot Pro	適合個人使用，價格較親民，學生與熱門開源專案維護者可免費使用。
小型開發團隊，沒有企業級管理需求	GitHub Copilot Pro	團隊成員可以各自訂閱，但無法統一管理與設定安全策略。
軟體公司或中大型開發團隊	GitHub Copilot Business	提供集中管理、存取控管與 SSO，提升團隊協作與安全性。
企業級開發團隊，需進階控管與合規性	GitHub Copilot Enterprise	企業級客戶，具備更完整的控管與安全策略。

▲ 1-6 根據需求選擇最佳訂閱方案

GitHub Copilot 透過 AI 幫助開發者自動生成程式碼、提高生產力、減少重複工作，無論是個人開發者還是企業團隊，都能找到適合的訂閱方案。如果你是個人開發者，Copilot 個人版 已經能滿足大多數需求；若是企業或團隊，選擇 Copilot for Business 或 Copilot Enterprise 能提供更好的安全性與集中管理能力。

1 AI Pair Programming - GitHub Copilot

2

開始使用 GitHub Copilot

- 啟用 GitHub Copilot
- Visual Studio Code 設定 GitHub Copilot
- Visual Studio 內設定 GitHub Copilot
- JetBrains IDEs 內設定 GitHub Copilot

2 開始使用 GitHub Copilot

▶ 啟用 GitHub Copilot

　　GitHub 在 2024 年 12 月開始提供 Copilot 免費使用版本，開發人員登入 GitHub 個人帳號後，即可獲得每個月 2000 行程式碼自動完成建議與 50 則 Copilot Chat 聊天訊息，對於想要試用的使用者來說相當足夠。目前支援 GitHub 網站、Visual Studio Code 與 Visual Studio 上使用，目前支援 GitHub 網站、Visual Studio Code 與 Visual Studio 上使用。在 GitHub 網站，點選右上角個人圖示後選擇【Your Copilot】，點選【Start Using Copilot for Free】後即可開始使用。

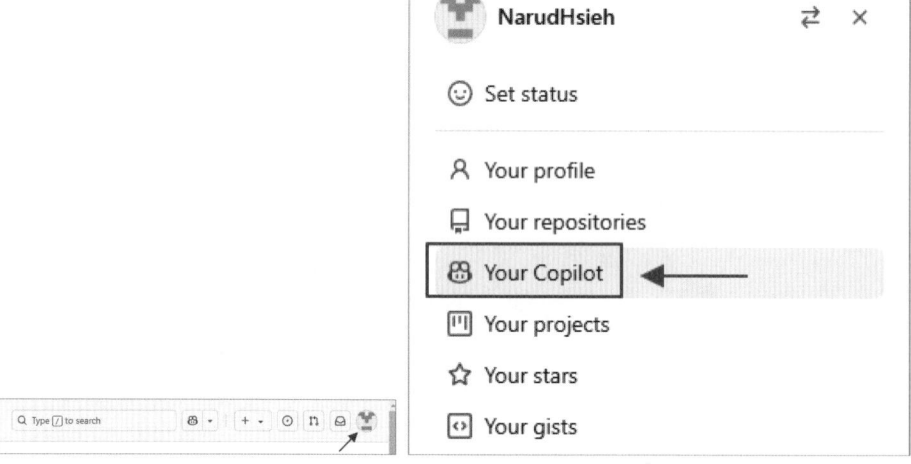

啟用 GitHub Copilot ◀

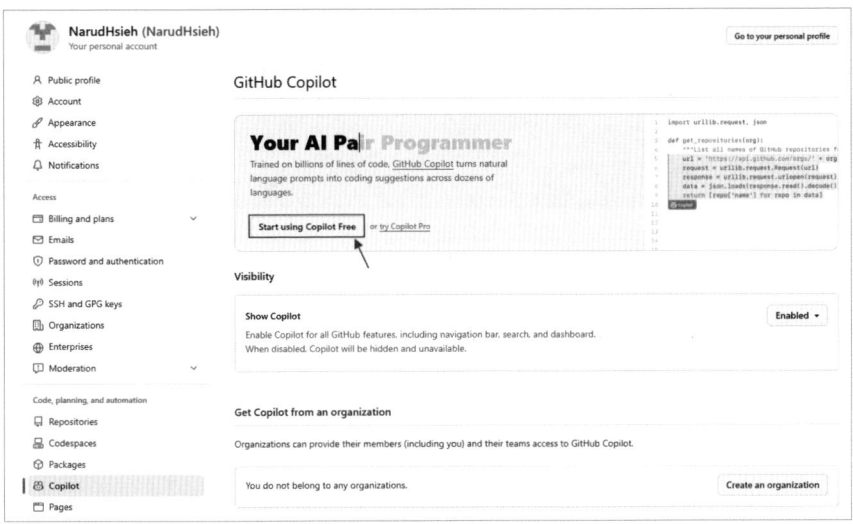

▲ 2-1 啟用 GitHub Copilot

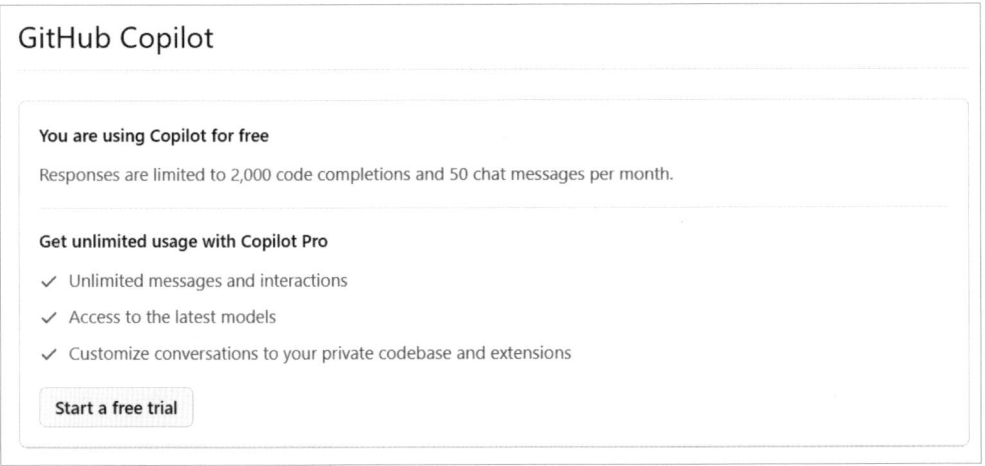

▲ 2-2 啟用 GitHub Copilot 成功畫面

如果想要無限次數對話與程式碼建議，可以以每月 10 美元或每年 100 美元啟用 GitHub Copilot Pro 計畫，且享有前 30 天免費試用資格。

2-3

2 開始使用 GitHub Copilot

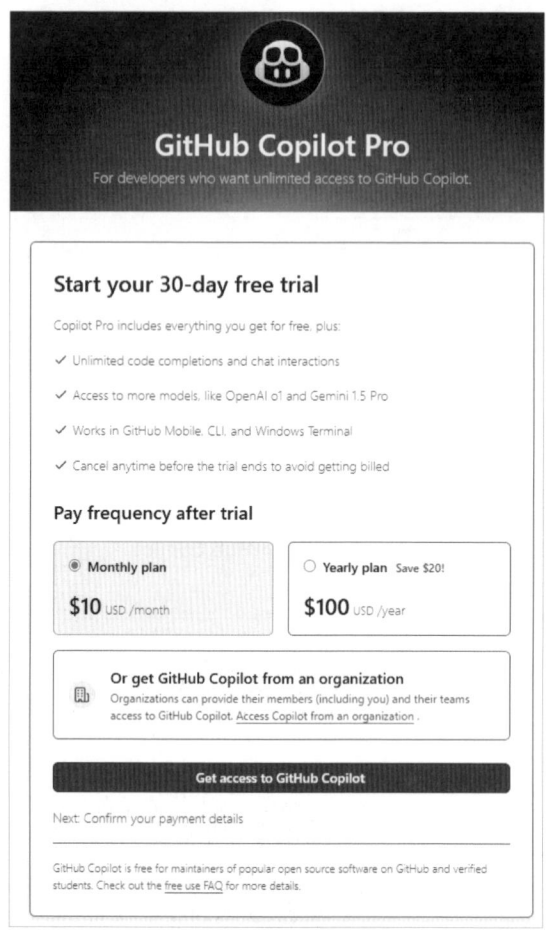

▲ 2-3　30 天試用期

教師 / 學生或開放原始碼開發者身份，則可以擁有免費使用資格：

1. 學生

- 需要驗證教師 / 學生資格（使用學校電子郵件信箱）。
- 訪問 GitHub Education 網站 (https://education.github.com/pack) 申請 GitHub Student Developer Pack，即可以取得 GitHub Copilot Pro 資格。

啟用 GitHub Copilot

2. 開源開發者：
- GitHub 上一個或多個最受歡迎的開源專案，且具有寫入或管理權限的使用者。
- 前往 GitHub Copilot 訂閱頁面，即可查看是否是符合 GitHub 的免費訂閱標準的開源維護者。

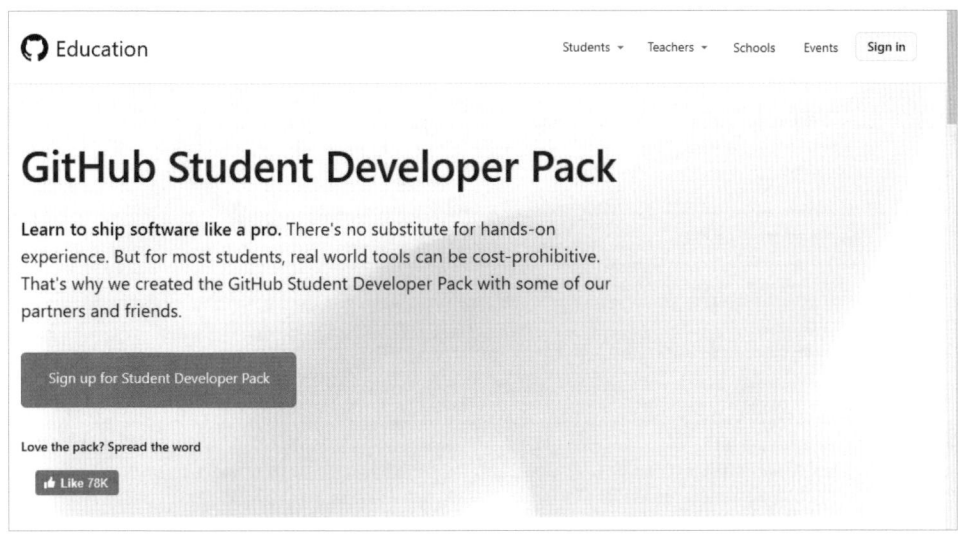

▲ 2-4 GitHub Education 網站

與付費版本相比，免費試用版 (Free Trial) 的可調整項目相對較少，主要差異在於能否啟用預覽功能、是否可在 CLI 中使用 Copilot、以及在 IDE 或 GitHub Mobile 上使用 GitHub Copilot Chat 等。仔細觀察就會發現，兩者之間的差異其實不大：除了一定的使用次數限制外，其他主要功能（如在 GitHub 網站上使用 Copilot、公開程式碼比對與啟用不同模型等）皆可正常使用。

2 開始使用 GitHub Copilot

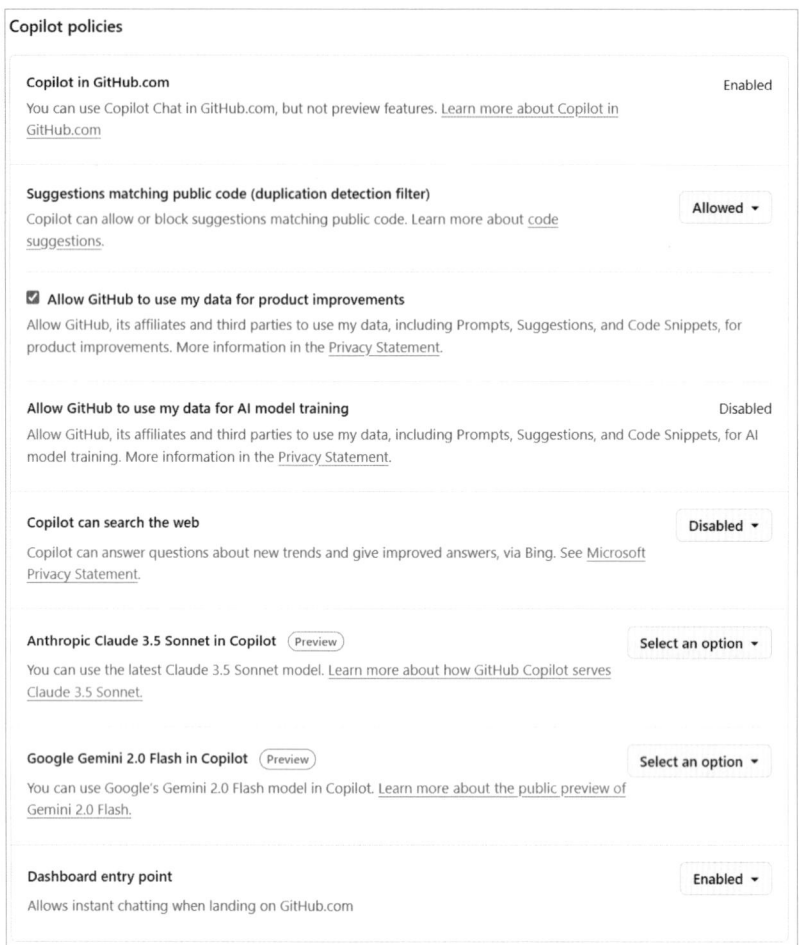

▲ 2-5 免費試用版 (Free Trial) 的可調整項目

完成啟用 GitHub Copilot 之後，便能在 GitHub 網站上使用服務。接下來，只需要在整合式開發環境上進行設定即可。以下圖為 GitHub Copilot 目前所支援的整合開發工具。

Visual Studio Code 設定 GitHub Copilot

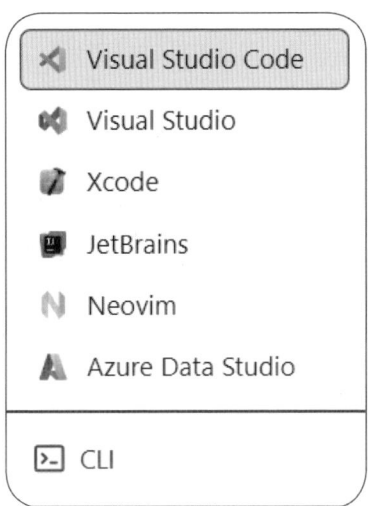

▲ 2-6 GitHub Copilot 目前所支援的整合開發工具

▶ Visual Studio Code 設定 GitHub Copilot

相較於其他的整合開發環境，Visual Studio Copilot 對於 GitHub Copilot 支援程度最高，可設定的內容也最多。若是尚未安裝過 GitHub Copilot 延伸模組，可以在 Visual Studio Code 左邊側欄點選延伸模組 (圖示①)，於搜尋欄位輸入 Copilot(圖示②) 找到 GitHub Copilot 並點選進入安裝說明 (圖示③)。

2 開始使用 GitHub Copilot

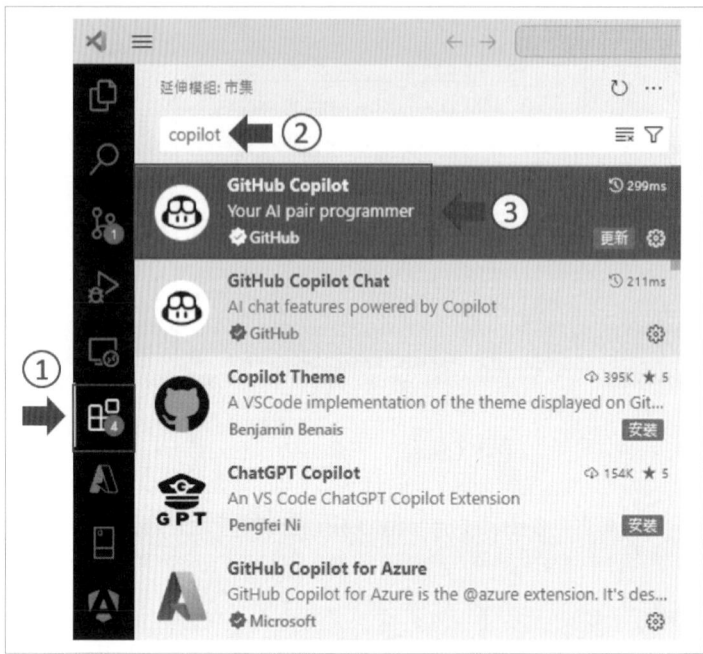

▲ 2-7 安裝 GitHub Copilot

在說明畫面中點選安裝按鈕即開始安裝 GitHub Copilot。安裝此延伸模組會一併安裝 GitHub Copilot 與 GitHub Copilot Chat，不需要另外安裝 GitHub Copilot Chat。

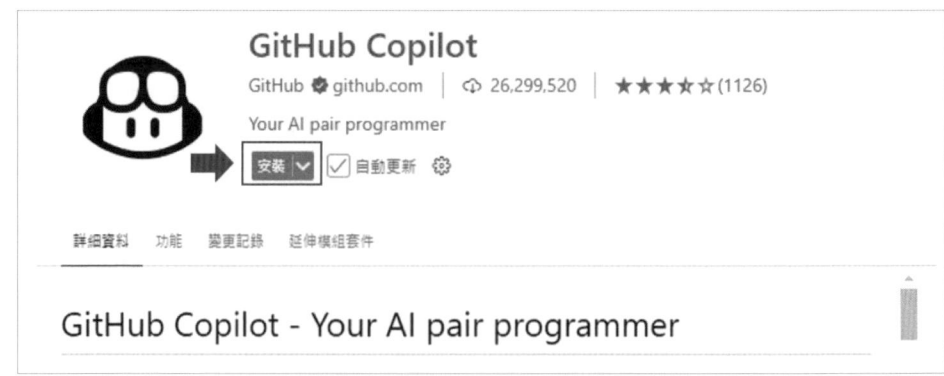

▲ 2-8 GitHub Copilot 安裝說明畫面

Visual Studio Code 設定 GitHub Copilot

安裝完成後，可以點選上方 GitHub Copilot 圖示【😊】，選擇【開啟聊天】。

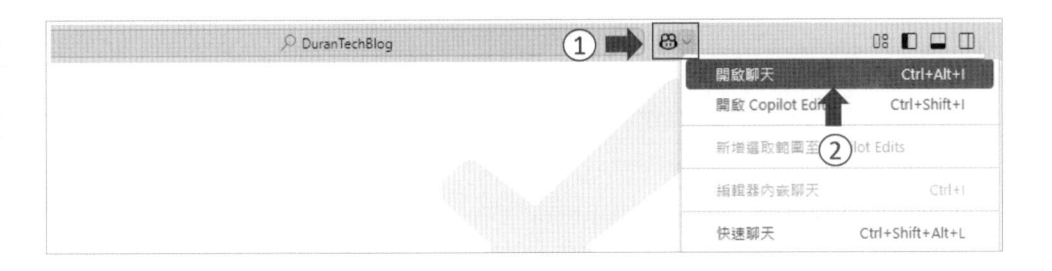

> 注意：延伸模組安裝完成後可能需要重啟 Visual Studio Code，請依據 Visual Studio Code 指示進行操作已完成安裝。

Visual Studio Code 支援 GitHub Copilot 免費版本，在 Copilot Chat 視窗點選【登入 GitHub.com】按鈕並從網頁上登入 GitHub，即可開始使用 GitHub Copilot。

▲ 2-9 登入 GitHub

2-9

2 開始使用 GitHub Copilot

登入並啟用 GitHub Copilot 後，可以在選單中選擇【Configure Code Completions...】，並確認程式碼自動完成的狀態顯示為 Status: Ready，確保功能已順利啟用。

▲ 2-10 選單中選擇【設定程式代碼完成...】

▲ 2-11 確認程式碼自動完成的狀態顯示為 Status: Ready

Visual Studio Code 設定 GitHub Copilot

選單中包含大多數 GitHub Copilot 功能與設定，包括：

- GitHub Copilot Chat：開啟 GitHub Copilot Chat
- Disable Completions：關閉自動完成功能
- Edit keybord Shortcuts…：快捷鍵設定
- Edit Settings…：細項設定
- Show Diagnostics…：進行環境診斷
- Open Logs…：開啟日誌

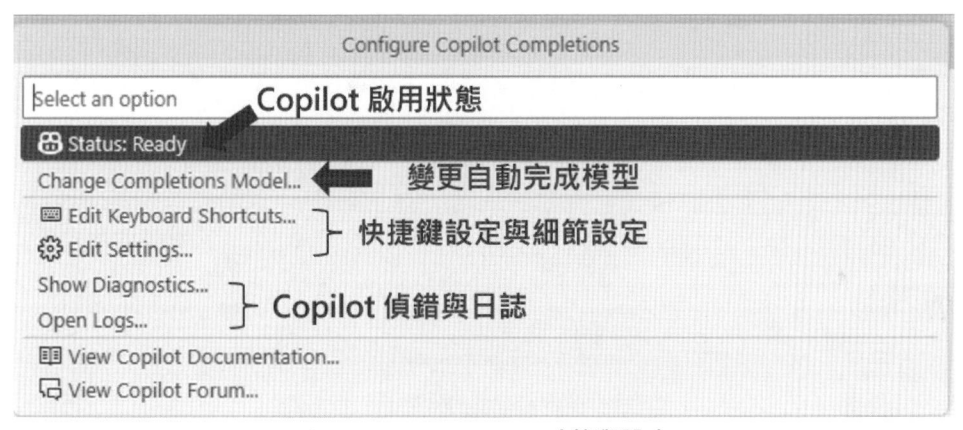

▲ 2-12 GitHub Copilot 功能與設定

　　第一次使用 GitHub Copilot，建議先檢視並設定相關選項，這能幫助使用者瞭解並善用 GitHub Copilot 的各項功能。在選單中找到【Edit Setting】，然後依照需求為 Copilot 與 Copilot Chat 進行設定。特別是對初學者而言，先瀏覽並熟悉 GitHub Copilot 的設定，不但能瞭解可用的功能，也能有效提升開發效率。

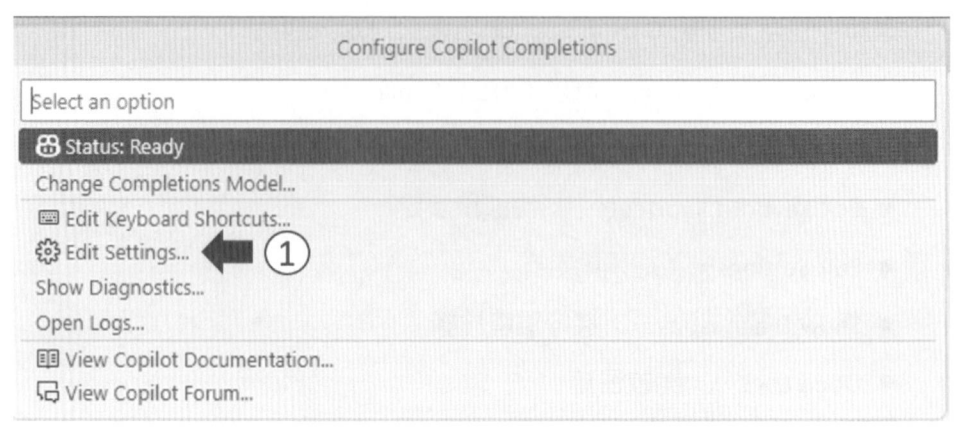

2 開始使用 GitHub Copilot

▲ 2-13 點選【Edit Setting】檢視並設定相關選項

　　GitHub Copilot 可以調整項目相對較少，主要包括進階設定（可直接編輯 settings.json）、自動顯示行內完成，以及為特定語言啟用 Copilot 功能。

▲ 2-14 GitHub Copilot 進階設定

2-12

Visual Studio Code 設定 GitHub Copilot

GitHub Copilot Chat 可以調整項目較多，主要圍繞斜線命令以及 Copilot Edits 的相關設定，下列我們對於一些常用的設定進行說明。第三章節會介紹 Copilot Edits，並提供如何根據需求調整設定。

▲ 2-15　GitHub Copilot Chat 可調項目

Follow Ups (設定識別碼：github.copilot.chat.followUps)

用於控制 GitHub Copilot Chat 在回覆建議後，自動顯示相關問題（follow-ups）的頻率。可設為：

- "always"：每次回覆後都出現相關問題建議。
- "firstOnly"：預設，僅在第一次回覆後出現。
- "never"：從不顯示。

2-13

2 開始使用 GitHub Copilot

▲ 2-16 取得 GitHub Copilot 回覆後，是否顯示相關問題

Scope Selection (設定識別碼：github.copilot.chat.scopeSelection)

如果編輯器內沒有選取任何程式碼時使用 /explain 命令，是否出現特定符號範圍提示。可設定為

- "true"：出現行數範圍提示，需要針對某特定區塊進行除錯、重構、或詳細解說時，可避免整個檔案加入造成干擾。
- "false"：預設，整個檔案進行說明。

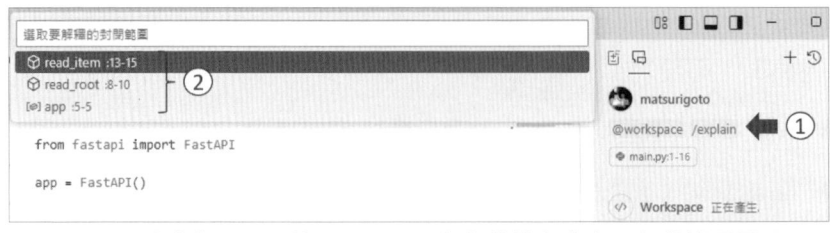

▲ 2-17 設定為 ture，使用 /explain 命令將於上方出現行數範圍選項

2-14

Code Action (設定識別碼：github.copilot.editor.enableCodeActions)

此設定用於控制 GitHub Copilot 是否在編輯器中啟用「程式碼動作（Code Actions）」功能。所謂的「程式碼動作」通常是指編輯器在偵測到程式碼問題、優化機會或可自動套用的重構時，提供的各種快速修正（Quick Fix）或建議。例如：

- 更正拼字或拼寫錯誤。
- 引入所需套件或模組。
- 自動使用最佳化的程式碼片段。
- 重構為可讀性或效能更佳的寫法。

▲ 2-18 在編輯器中啟用「程式碼動作（Code Actions）」功能

Rename Suggestion (設定識別碼：github.copilot.renameSuggestions.triggerAutomatically)

在撰寫程式碼的過程中，開發者時常需要重新命名變數、函式、類別等符號。Visual Studio Code 本身就提供了重命名功能（快捷鍵：F2），而當偵

2 開始使用 GitHub Copilot

測到使用者執行【重新命名】操作時，GitHub Copilot 也能自動提出更智慧、符合上下文的建議。

如圖所示，只要選取需要重新命名的程式碼，點擊滑鼠右鍵後選擇【重新命名符號】（Rename Symbol），GitHub Copilot 便會主動建議新名稱供使用者參考與選擇。

▲ 2-19 重新命名符號

▲ 2-20 重新命名建議

Visual Studio Code 設定 GitHub Copilot

注意事項

1. 此設定依賴 Visual Studio Code 的重新命名功能

   GitHub Copilot 的重命名建議是基於 Visual Studio Code 原生的「重新命名符號 (Rename Symbol)」機制。如果該語言的 Language Server 不支援，或無法正確辨識符號重新命名，GitHub Copilot 也可能無法順利提供對應的建議。

2. 可能出現多種建議

   GitHub Copilot 提供的建議往往不只一種，可以透過鍵盤快捷鍵或滑鼠點擊，在多個候選項目之間進行瀏覽與選擇。

3. 結果驗證

   雖然 GitHub Copilot 能產生建議名稱，但仍需使用者進行最終決策。尤其在大型專案或具有多個同名符號的情況下，更要注意避免誤觸導致程式碼邏輯錯誤。

如果在使用 GitHub Copilot 過程中有發生問題，可以透過環境診斷與日誌輸出進行問題排除。環境診斷【Show Diagnostic…】會列出目前 GitHub Copilot 基本資訊、網路環境、憑證與授權使用者名稱…等，以方便進行問題排除。另一方面，若 GitHub Copilot 程式碼自動完成或互動功能異常，則可以檢視 GitHub Copilot 日誌【Open Logs…】尋找可能的問題並進行排除。

▲ 2-21 環境診斷與檢視 GitHub Copilot 日誌

2 開始使用 GitHub Copilot

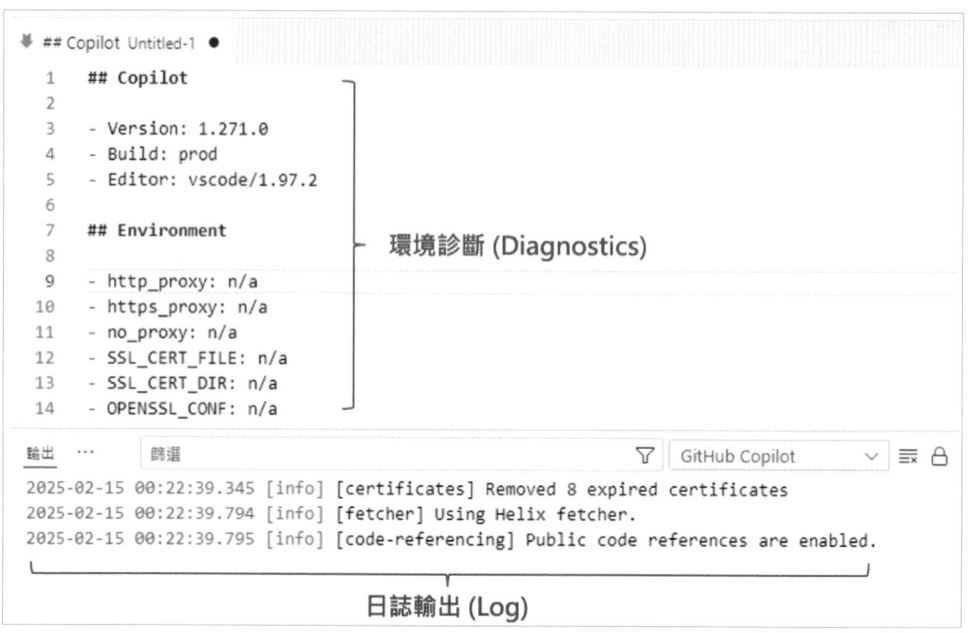

```
## Copilot

- Version: 1.271.0
- Build: prod
- Editor: vscode/1.97.2

## Environment

- http_proxy: n/a
- https_proxy: n/a
- no_proxy: n/a
- SSL_CERT_FILE: n/a
- SSL_CERT_DIR: n/a
- OPENSSL_CONF: n/a
```

環境診斷 (Diagnostics)

```
2025-02-15 00:22:39.345 [info] [certificates] Removed 8 expired certificates
2025-02-15 00:22:39.794 [info] [fetcher] Using Helix fetcher.
2025-02-15 00:22:39.795 [info] [code-referencing] Public code references are enabled.
```

日誌輸出 (Log)

▲ 2-22 環境診斷與檢視 GitHub Copilot 日誌 (2)

在 Visual Studio Code 中，可以透過 GitHub Copilot 的快速選單來與 Copilot 互動：只要在程式碼的空白處點擊滑鼠右鍵，然後選擇【Copilot】顯示功能選單。除了各種開啟聊天視窗的方式外，還能使用多種聰明操作 (Smart Actions，協助產生提示詞)，例如請 Copilot 說明程式碼、修正程式碼錯誤、加入程式碼文件、檢閱並認可程式碼，以及產生單元測試。這些操作都能直接在功能表中完成，無需額外開啟聊天視窗或輸入斜線命令。

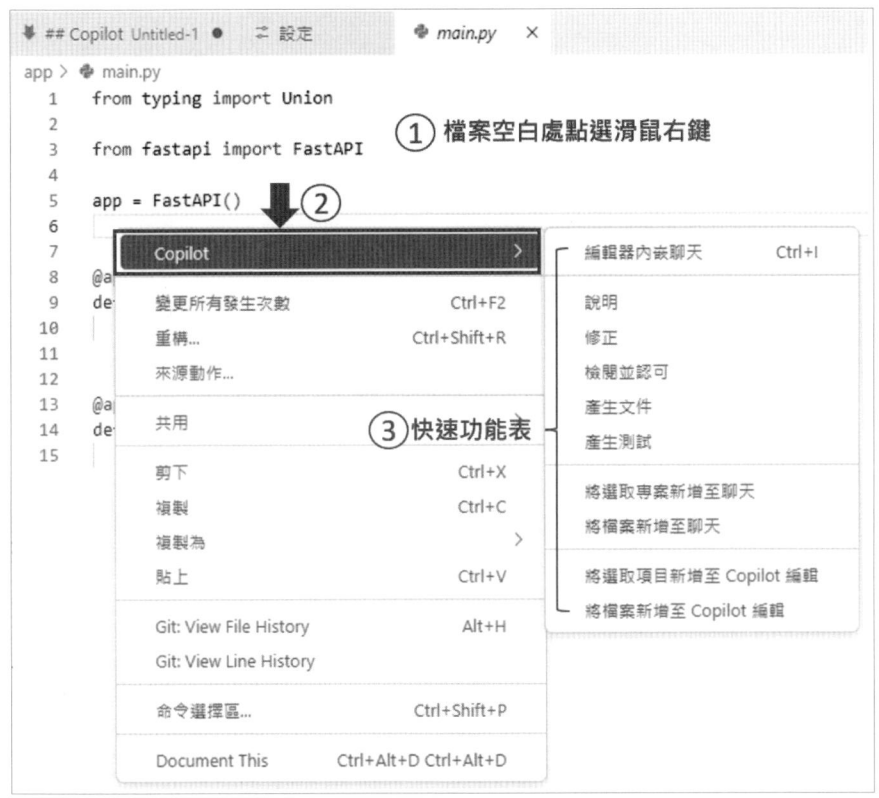

Visual Studio 內設定 GitHub Copilot

▲ 2-23 GitHub Copilot 的快速選單

▶ Visual Studio 內設定 GitHub Copilot

Visual Studio 雖然高度支援 GitHub Copilot，但需要注意版本問題：Visual Studio 2022 version 17.9 或較早版本與 Visual Studio Code 安裝方式相似，需要透過 Visual Studio 內延伸模組功能。功能列找到【延伸模組】功能，點選【管理延伸模組】後，從 Visual Studio Marketplace 內搜尋【GitHub Copilot】延伸模組並進行安裝。

2-19

2 開始使用 GitHub Copilot

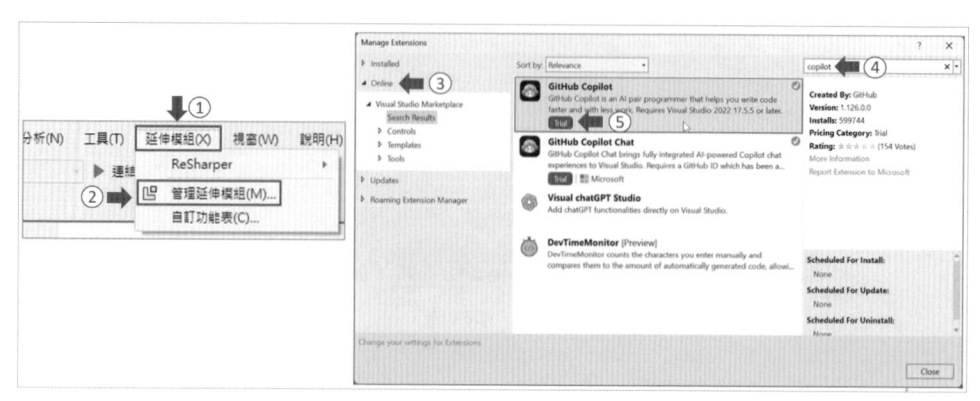

▲ 2-24 Visual Studio 內設定 GitHub Copilot

Visual Studio 2022 version 17.10 或較新的版本，則已經預設安裝 GitHub Copilot。可以從功能列找到【工具】，點選【取得工具與功能】開啟 Visual Studio Installer。

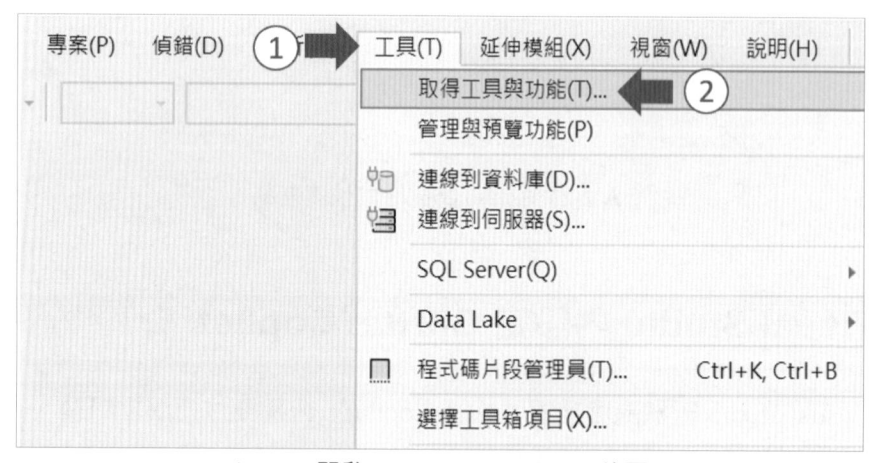

▲ 2-25 開啟 Visual Studio Installer 位置

從 Visual Studio Installer 內點選【個別元件】標籤，搜尋【GitHub Copilot】，即可確認是否有成功安裝。

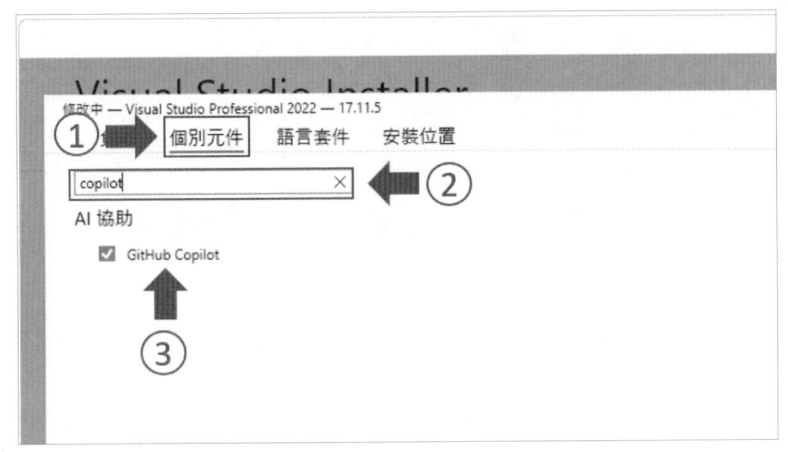

Visual Studio 內設定 GitHub Copilot

▲ 2-26 確認 GitHub Copilot 安裝成功

安裝完成後，在 Visual Studio 右上角可以找到【GitHub Copilot】按鈕。接下來需要加入 GitHub 帳號以啟用 GitHub Copilot。點選【將 GitHub 帳戶新增至 Visual Studio】按鈕，開啟瀏覽器並完成登入後，授權 Visual Studio 使用者後，即可開始使用 GitHub Copilot。

▲ 2-27 216 將 GitHub 帳戶新增至 Visual Studio

依序指示將 GitHub 帳號加入完成後，點選右上角【GitHub Copilot】按鈕，選擇【設定】>【選項】，即可對 GitHub Copilot/GitHub Copilot Chat 進行相關設定。

2-21

2 開始使用 GitHub Copilot

▲ 2-28 進入 GitHub Copilot/GitHub Copilot Chat 進行相關設定步驟

如下圖所示，相較於 Visual Studio Code，Visual Studio 上 GitHub Copilot 相關設定較少。但整體來說 Visual Studio 在**編輯器、偵錯工具與診斷功能** 和 GitHub Copilot 整合相當好，我們會建議啟用其 GitHub Copilot 相關設定。

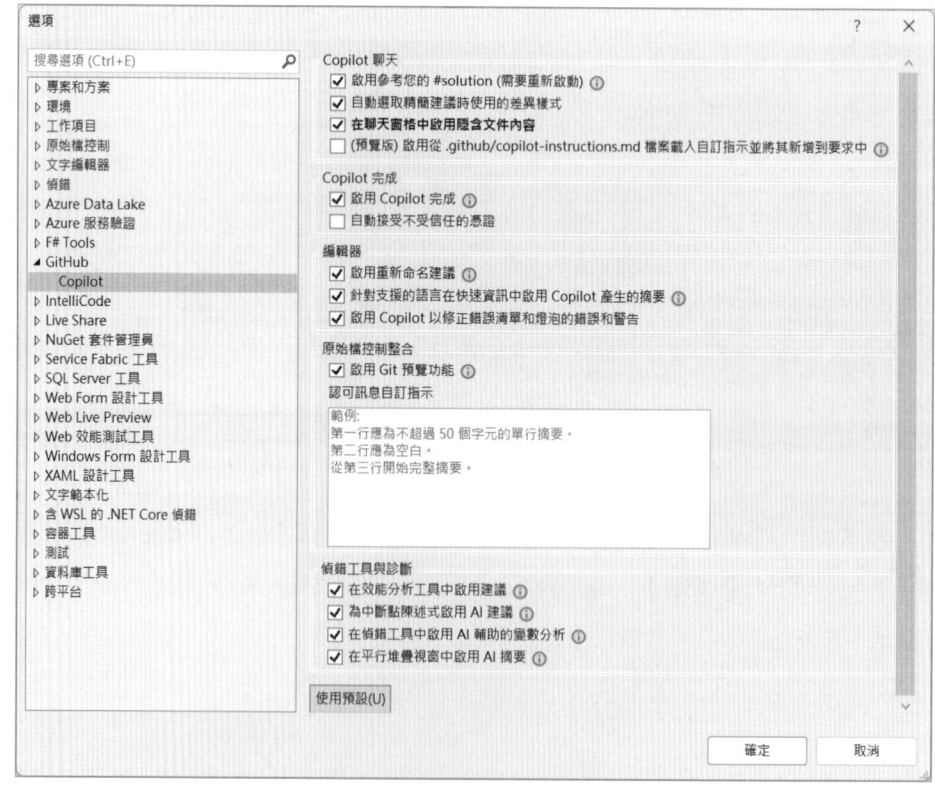

▲ 2-29 GitHub Copilot 設定

2-22

Visual Studio 內設定 GitHub Copilot

使用者可以在編輯器上將滑鼠指標移動至變數上，點選【使用 Copilot 加以描述】連結，請 GitHub Copilot 說明該變數用途。

▲ 2-30 使用 Copilot 加以描述

▲ 2-31 Copilot 描述內容

與 Visual Studio Code 相同，請 GitHub Copilot 協助重新命名，您可以滑鼠右鍵點選取變數名稱，點選【重新命名】，即出現重新命名建議。

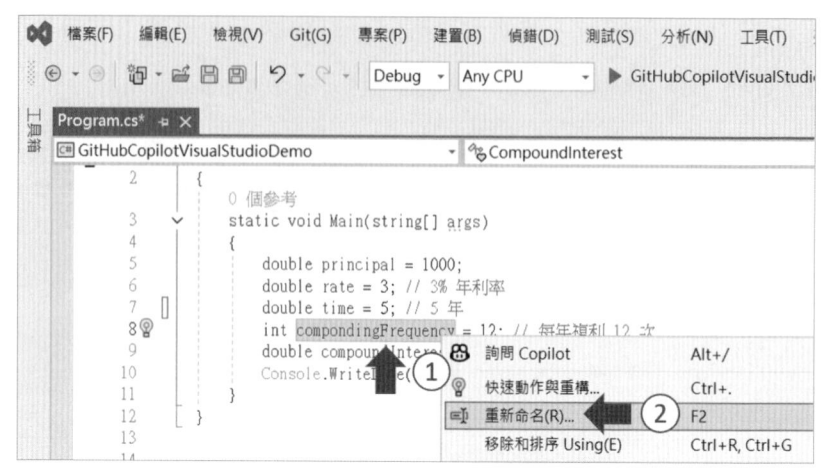

2 開始使用 GitHub Copilot

▲ 2-32 請 GitHub Copilot 協助重新命名

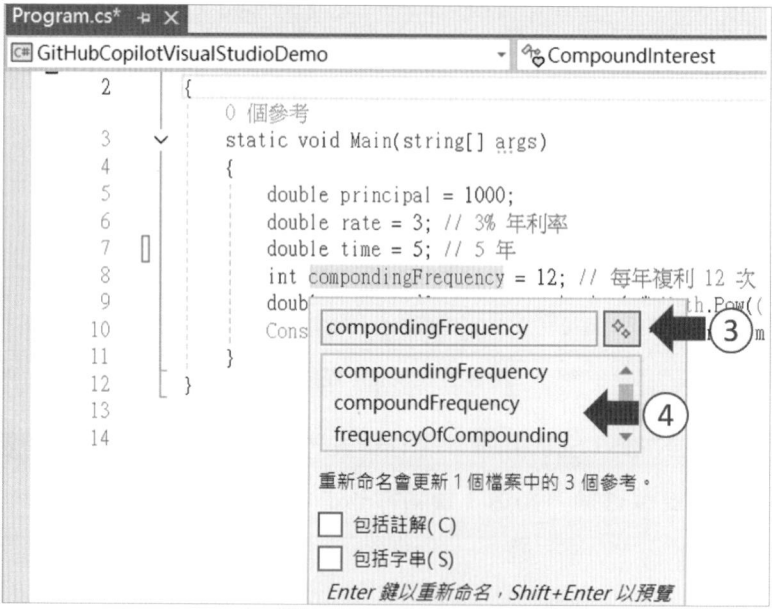

▲ 2-33 GitHub Copilot 重新命名建議

若想與 GitHub Copilot 進行互動,可以在編輯器中的任意程式碼位置點選滑鼠右鍵,並從快速選單中選擇【詢問 Copilot】,以啟動 Inline Chat,與 GitHub Copilot 進行互動。

JetBrains IDEs 內設定 GitHub Copilot

截至目前，這些操作即為 GitHub Copilot 在編輯器中的主要功能。更多關於偵錯工具與診斷的詳細說明，我們將在第三章節中「Debugging 與 Diagnostics」進一步介紹。

▲ 2-34 詢問 Copilot

▶ JetBrains IDEs 內設定 GitHub Copilot

JetBrains IDEs 系列由 JetBrains 公司開發的整合開發環境，專為支援不同的程式語言與開發需求設計。JetBrains IDEs 以其智慧程式碼輔助工具、直觀的使用者界面以及強大的套件生態系統而聞名，能顯著提升開發者的效率。我們以 IntelliJ IDEA Community 版本為例，介紹如何安裝與設定 GitHub Copilot。流程如下：

1. 開啟 IntelliJ IDEA IDE，點選左方選單中 Plugins
2. 於搜尋框輸入 GitHub Copilot 進行搜尋
3. 點選 Install 按鈕開始安裝
4. 最後重啟完成整個安裝流程

2-25

2 開始使用 GitHub Copilot

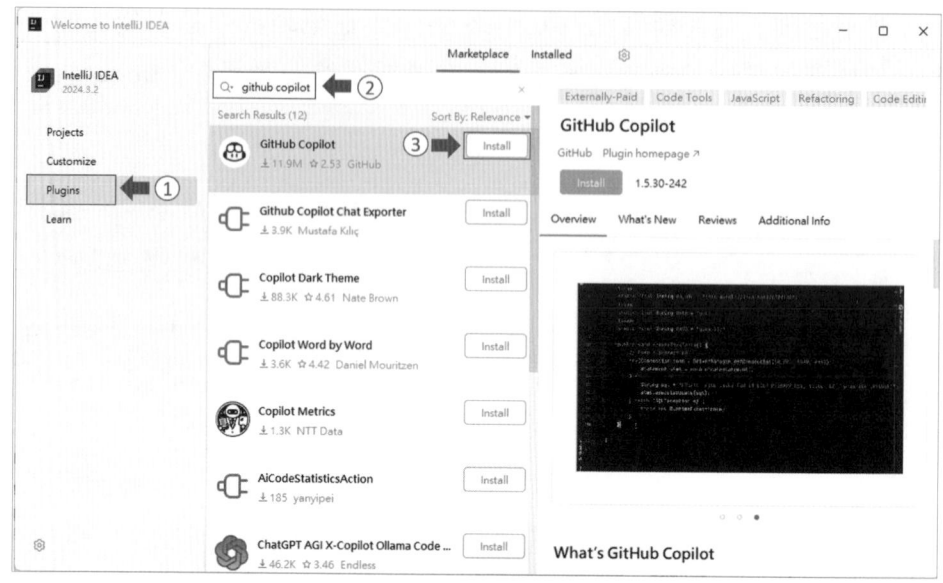

▲ 2-35 介紹如何安裝與設定 GitHub Copilot

安裝完成後，首先我們開啟專案 (或建立專案)，點選右邊側欄 GitHub Copilot Chat，點選中間【 Sign in to GitHub 按鈕】進行登入。

▲ 2-36 Sign in to GitHub 按鈕

JetBrains IDEs 內設定 GitHub Copilot

登入方式為開啟瀏覽器後輸入 Device Code 進行驗證授權，點選【Copy and Open】按鈕後，於網頁上輸入 Device Code，依據操作指示完成授權。

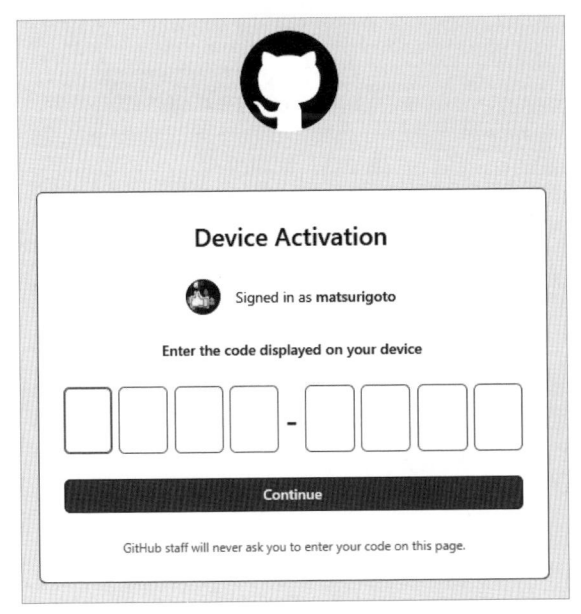

2 開始使用 GitHub Copilot

▲ 2-37 驗證授權

　　GitHub Copilot 設定內容可以透過快捷鍵 (Ctrl + Alt+S) 開啟 Setting 視窗，於上方搜尋框輸入【Copilot】，左邊選單點選【GitHub Copilot】，即可找到設定選單。IntelliJ IDEA 上 GitHub Copilot 設定內容並不多，注意是否有啟用自動顯示完成、確認有登入 GitHub Account 與啟用各種語言完成功能即可。

JetBrains IDEs 內設定 GitHub Copilot

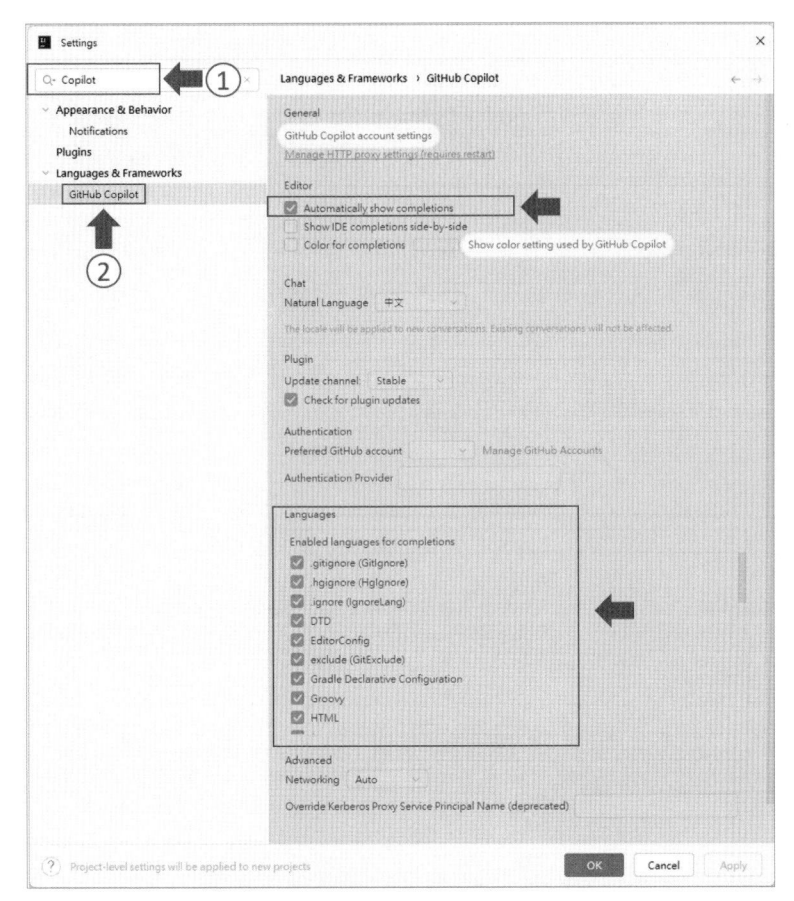

▲ 2-38 GitHub Copilot 設定內容

2-29

2 開始使用 GitHub Copilot

3

GitHub Copilot 基本功能介紹

- 自動完成程式碼方式提供建議
- 註解方式撰寫程式
- 聊天方式撰寫程式 – GitHub Copilot Chat
- GitHub Copilot 多種模型協作
- 最佳使用情境
- 查看 GitHub Copilot 是否建議相符合公共程式碼
- GitHub Copilot Edits：高效開發的新利器
- 出一張嘴寫程式 – 使用語音輸入與 GitHub Copilot Chat 互動
- 斜線命令 (Slash Command)
- 聊天參與者 (Chat participants)
- 聊天變數 (Chat variables)
- 效能分析工具使用 GitHub Copilot (Visual Studio)
- Debugging 與 Diagnostics (Visual Studio)

3　GitHub Copilot 基本功能介紹

▶ 自動完成程式碼方式提供建議

　　自動完成程式碼方式提供建議可以幫助開發人員提升生產力與工作流暢度，是 GitHub Copilot 兩大功能之一。其核心特點是能夠依據目前程式碼內容 (即前後文)，在開發過程中直接提供程式碼建議，甚至幫助開發人員撰寫整段程式碼。然而，當提供的前後文不完整或模糊時，GitHub Copilot 可能生成無效或不相關的建議。因此，**明確命名且可閱讀程式碼風格**對於獲取最大效益至關重要：呈現意圖才能得到正確的建議。

　　下列兩個 Golang 程式碼為例，GitHub Copilot 讀取 func addInts 文字，理解開發人員意圖想要撰寫整數相加功能，即產生兩個整數相加的 function 建議，通常與開發人員想要的不會相差太遠。理所當然，開發人員可能需要 3 個、4 個或多個整數相加，您可以更明確的表達規格，嘗試修改 function 命名為 addThreeInts，GitHub Copilot 會提供更符合需求的建議。

```go
func addInts(a, b int) int {
    return a + b
}
```

▲ 3-1 自動完成程式碼方式提供建議

　　另一個案例，開發人員如果提供不明確的前後文，則可能產生不相關建議。如下範例使用 func isShow，GitHub Copilot 則提供了難以理解的建議。

```go
func isShow() bool {
    return true
}
```

▲ 3-2 GitHub Copilot 難以理解的建議

自動完成程式碼方式提供建議

接下來的教學案例適用多數現代程式語言 (.NET、Java、Golang、NodeJS…等)，我們會使用 Golang 與 Visual Studio Code 進行示範。開啟命令提示字元，輸入下列指令建立資料夾、切換目錄與開啟 Visual Studio Code。

1. mkdir CopilotGolangDemo && cd CopilotGolangDemo && code .

Visual Studio Code 工具列上點選上方終端機【Terminal】，選擇【新增終端】

▲ 3-3 新增終端

Golang 其實不需要專案設定檔案，只需要將專案資料夾結構與 import 路徑設定好，即可開始編譯與運作。但程式開發經常會遇到套件管理問題，Golang 也不例外。所以在開始 Golang 專案時，我們會透過 go mod init <project-name> 指令來初始化套件管理檔案 (go.mod)。

1. go mod init copilot-golang-demo

3 GitHub Copilot 基本功能介紹

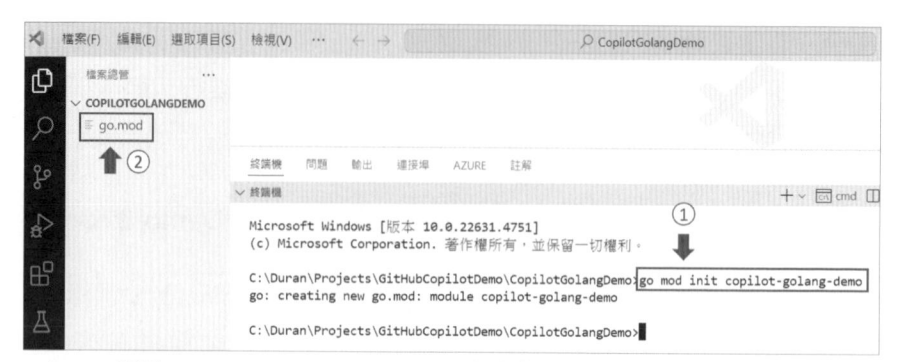

▲ 3-4 透過 go mod init <project-name> 指令來初始化套件管理檔案 (go.mod)

於檔案總管視窗新增 main.go 檔案，開始使用 GitHub Copilot 開發程式

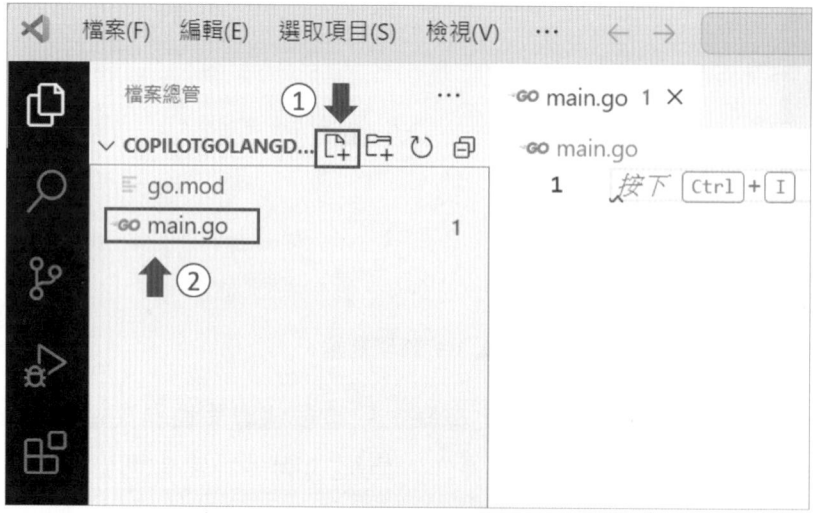

▲ 3-5 增 main.go 檔案

在 main.go 檔案內輸入 func AddInts 後等候 1-3 秒，Copilot 產生程式碼建議 (灰色文字)。此時按下 Tab 鍵 即可自動完成程式碼；按下 Esc 鍵 即消除程式碼建議。

自動完成程式碼方式提供建議

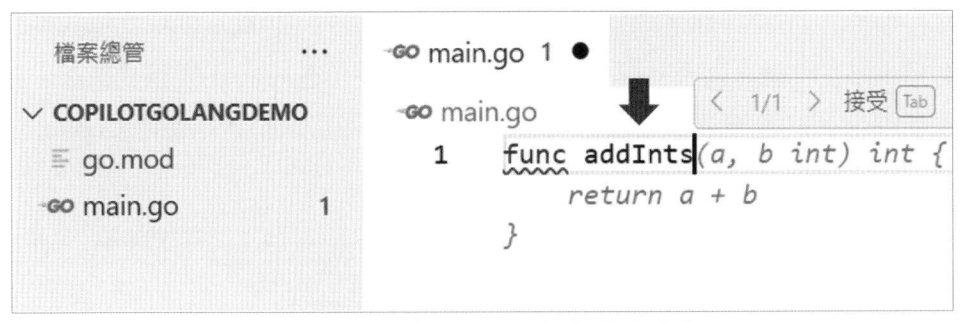

```
檔案總管                    GO main.go 1
∨ COPILOTGOLANGDEMO        GO main.go            < 1/1 >  接受 Tab
  ≡ go.mod              1  func addInts(a, b int) int {
  GO main.go         1         return a + b
                             }
```

▲ 3-6 Copilot 產生程式碼建議 (灰色文字)

在程式邏輯較為複雜的情況下，GitHub Copilot 可能會提供多個程式碼建議。我們以**從整數 List 內找到質數總和的程式邏輯**作為範例，可以輸入 func addPrimeNumbersInNumericList 後，將滑鼠移到程式碼建議上，點選左、右按鈕並檢視不同的建議 (或快捷鍵 Alt + [與 Alt +] 切換建議)，最後按下 Tab 鍵選擇想要的程式碼建議。另一方面，您也能部分同意程式碼建議，使用快捷鍵 **Ctrl + 方向鍵** 即可逐字同意程式碼建議。

```
GO main.go 1                    ①              ②
GO main.go                   < 1/2 > 接受 Tab  接受字組 Ctrl + RightArrow  ...
   1  func addPrimeNumbersInNumericList(numbers []int) int {
          var sum int
          for _, number := range numbers {
              if isPrime(number) {
                  sum += number
              }
          }
          return sum
      }
```

▲ 3-7 檢視不同的建議

注意：不同的整合開發環境其預設的快捷鍵可能不盡相同，Visual Studio 與 Visual Studio Code 同意程式碼建議的快捷鍵皆為 Tab，但切換建議快捷鍵在 Visual Studio Code 為 Alt + [與 Alt +]，而 Visual Studio 內則是透過 Alt + , 與 Alt + , 切換建議。

3-5

3 GitHub Copilot 基本功能介紹

GitHub Copilot 除了自動產生程式碼建議功能外，也能協助程式錯誤說明並提供修正建議。透過 Visual Studio Code 醒目提示在 func 出現程式錯誤，將滑鼠停留在紅色波浪線上面得知有語法錯誤，您可以點選【使用 Copilot 修正】來進行修復。

▲ 3-8 使用 Copilot 修正來進行修復

自動修正流程是與 GitHub Copilot Chat 互動，請求修正此錯誤。GitHub Copilot 除了說明錯誤 (下圖示 ①)，自動產生修正建議 (下圖示 ②)。開發人員可以選擇是否接受此程式碼建議 (下圖示 ③) 以完成修復。對於經驗豐富的開發人員而言，可以快速解決此錯誤，但對於初階開發人員而言，可能不太容易理解 expected 'package'. found 'func' 錯誤訊息，經過 Copilot 的解釋與程式建議，可以大幅降低初階開發人員除錯時間，大幅提升生產效率。

注意：即使不接受此程式碼修正建議，我們仍建議點選捨棄給予回饋。GitHub Copilot 會記錄這個回饋後進行進一步訓練，會逐漸調整建議內容與風格以符合使用者需求。

自動完成程式碼方式提供建議

▲ 3-9　自動修正流程

　　眼尖的讀者可能發現 GitHub Copilot 建議的程式碼中出現了 isPrime()：一個在既有程式中沒有出現過的 Function。理所當然，Visual Studio Code 以醒目提示有程式碼錯誤。多數情況下，開發人員已經著手修正程式以修復此錯誤。此時您只需要在程式碼最後一行按下 Enter 鍵，GitHub Copilot 會提供 isPrime function 建議，您只需要持續檢視內容並按下 Tab 鍵同意即完成 isPrime function。

▲ 3-10　Visual Studio Code 以醒目提示有程式碼錯誤

3 GitHub Copilot 基本功能介紹

```go
 main.go >  isPrime
1  package main
2
3  func addPrimeNumbersInNumericList(numbers []int) int {
4      sum := 0
5      for _, number := range numbers {
6          if isPrime(number) {
7              sum += number
8          }
9      }
10     return sum
11 }
12
13 func isPrime(number int) bool {
       if number < 2 {
           return false
       }
       for i := 2; i < number; i++ {
           if number%i == 0 {
               return false
           }
       }
       return true
   }
```
⬅ ②

▲ 3-11 GitHub Copilot 提供 isPrime function 建議

　　完成了兩個 addPrimeNumbersInNumericList 與 isPrime 兩個 function 後，您可以在程式碼底部按下 **Enter** 鍵，GitHub Copilot 自動產生 main() function 建議並給予範例程式碼內容。

```go
package main

func addPrimeNumbersInNumericList(numbers []int) int {
    sum := 0
    for _, number := range numbers {
        if isPrime(number) {
            sum += number
        }
    }
    return sum
}

func isPrime(number int) bool {
    if number < 2 {
        return false
    }
    for i := 2; i < number; i++ {
        if number%i == 0 {
            return false
        }
    }
    return true
}

func main() {
    numbers := []int{1, 2, 3, 4, 5, 6, 7, 8, 9, 10}
    sum := addPrimeNumbersInNumericList(numbers)
    println(sum)
}
```

▲ 3-12 GitHub Copilot 自動產生 main() function 建議

經過前述範例的示範，相信多數讀者都能感受到開發過程的順暢度與成就感。雖然 GitHub Copilot 所提供的程式碼建議相當完整，但對初階開發人員而言，若要自行進行調整仍有一定難度，因此需要花時間加以審閱與理解。否則，當需求或程式日益複雜時，便很容易出現「寫程式 10 分鐘，除錯 2 小時」的窘境。

3-9

3 GitHub Copilot 基本功能介紹

▶ 註解方式撰寫程式

註解方式撰寫程式又稱為註解驅動開發 (Comment-Driven Programming)，在程式開發領域通常被視為一種諷刺的開發技術。尤其在無瑕程式碼 (Clean Code) 觀念與版本管理 (Version Control) 技術普遍被接受與使用的現代，使用大量註解被視為一種沒有效率且不切實際的做法。

從前一個段落「自動完成程式碼方式提供建議」介紹中，讀者應該能明顯受到 GitHub Copilot 能從程式碼前後文給予開發人員實用的建議，理所當然，檔案內的註解也不例外，GitHub Copilot 會將註解作為前後文並自動生成程式碼給予建議。

使用前一個段落使用的 addPrimeNumbersInNumericList 作為範例，現在我們提供更詳細的數字清單需求：

1. 建立一個 100 個整數數列，整數範圍為 1-1000
2. 找到此數列內所有質數總和
3. 列印出質數總和

如下圖所示，我們在 package main 後加入下列註解，並按下 Enter 鍵換行。

```go
package main

// Create a list of 100 random numbers between 1 to 1000
// Find the sum of prime numbers in the list.
// Print the sum of prime numbers.

func addPrimeNumbersInNumericList(numbers []int) int {
    sum := 0
    for _, number := range numbers {
        if isPrime(number) {
            sum += number
        }
    }
    return sum
}
```

▲ 3-13 註解方式撰寫程式

註解方式撰寫程式

　　GitHub Copilot 會逐行持續給予程式碼建議，您只需要持續的 Tab 鍵同意加上 Enter 鍵進行換行，即可自動完成整體程式碼。

▲ 3-14　GitHub Copilot 逐行持續給予程式碼建議

　　完成並儲存後，您可以開啟終端機輸入指令 go run main.go 並檢視執行結果。

▲ 3-15　go run main.go 並檢視執行結果

3-11

3　GitHub Copilot 基本功能介紹

注意：雖然程式碼可以正常運作，但不代表 GitHub Copilot 生成程式碼建議為完美無瑕。從這次範例程式中其實有出現棄用 (deprecation) 警告，雖然可以再次透過 GitHub Copilot 給予修正建議，但也印證了程式碼建議可能有不正確邏輯、不安全使用方式或已經棄用的套件。這裡即呼應使用者為正駕駛，仍需要負起檢閱與決策的責任。

▲ 3-16 出現棄用 (deprecation) 警告

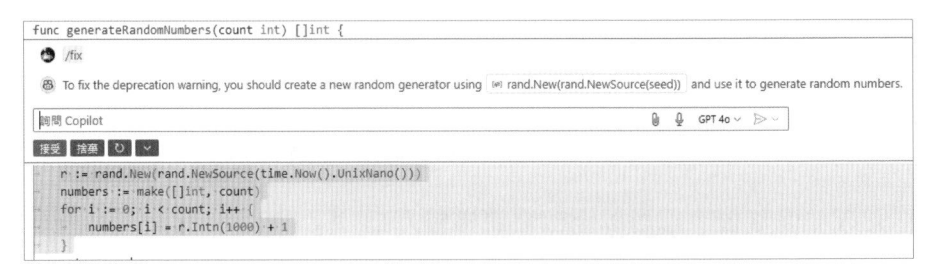

▲ 3-17 透過 /fix 提示詞請 GitHub Copilot 提供修正建議

▶ 聊天方式撰寫程式 – GitHub Copilot Chat

GitHub Copilot Chat 是互動式 AI 程式開發助手，是主要功能之一，不同於單純的自動完成程式碼方式提供建議，Copilot Chat 提供了一個可以進行雙向溝通的對話介面，並以原生方式與 Visual Studio、Visual Studio Code…等 IDE 整合，讓開發人員可以在開發過程中，直接透過它詢問資訊技術相關問題、取得程式碼建議、請求優化程式碼或協助排除錯誤。

GitHub Copilot Chat 執行流程大致上可以分成下列幾個階段：

- 輸入處理階段

  GitHub Copilot Chat 系統取得使用者輸入資訊進行預先處理，並產生輸入提示 (input prompt)。使用者可以採用程式碼片段或口語形式，且限制只能詢問資訊技術問題。

- 語言模型分析與產生回覆。

  在此階段，語言模型分析上一個步驟產生的輸入提示 (input prompt)，並藉此產生回覆。回覆內容可能為程式碼、程式碼建議或說明。

- 輸出格式設定

  Copilot Chat 將產生的回覆格式化並呈現給使用者。其中可能包含語法醒目提示、縮排和其他格式化功能來增加回覆內容的清楚性。除此之外，還可以提供模型在產生回應時使用的內容連結，如原始程式碼檔案或文件。

在 Visual Studio Code 中有三種使用 GitHub Copilot Chat 方式，分別為，其各有使用情境與優勢，個人偏好在撰寫程式碼階段使用內嵌聊天，讓 GitHub Copilot 在目前我專注的程式碼位置進行協助，以附近程式碼可以做為前後文，讓開發流程更為順暢。在閱讀程式碼與 Code Review 過程中會偏好使用聊天視窗方式，多數情況下會需要較大範圍的檔案作為前後文，並有一系列的問答以協助理解程式碼與釐清問題。使用者可以依據自身的工作習慣來使用 GitHub Copilot Chat，下列為詳細情境與使用方式說明：

3 GitHub Copilot 基本功能介紹

聊天視窗 (Chat View)

- 在側邊視窗使用 GitHub Copilot Chat，回答疑問並提供程式碼建議
- 適用於長時間與 GitHub Copilot 互動，或需要不斷提出不同問題的情境
- Visual Studio Code 使用方式：
    - ◆ 直接點選上方 GitHub Copilot 圖示【🍄】
    - ◆ 上方功能列點選【檢視】，選擇【聊天】
    - ◆ 快捷鍵：Ctrl + Alt + I

▲ 3-18 開啟聊天視窗

聊天視窗具有較多描述與能，如下圖所示：恢復 / 重作上一個要求、新增聊天視窗與檢視聊天歷史紀錄與更多選項。

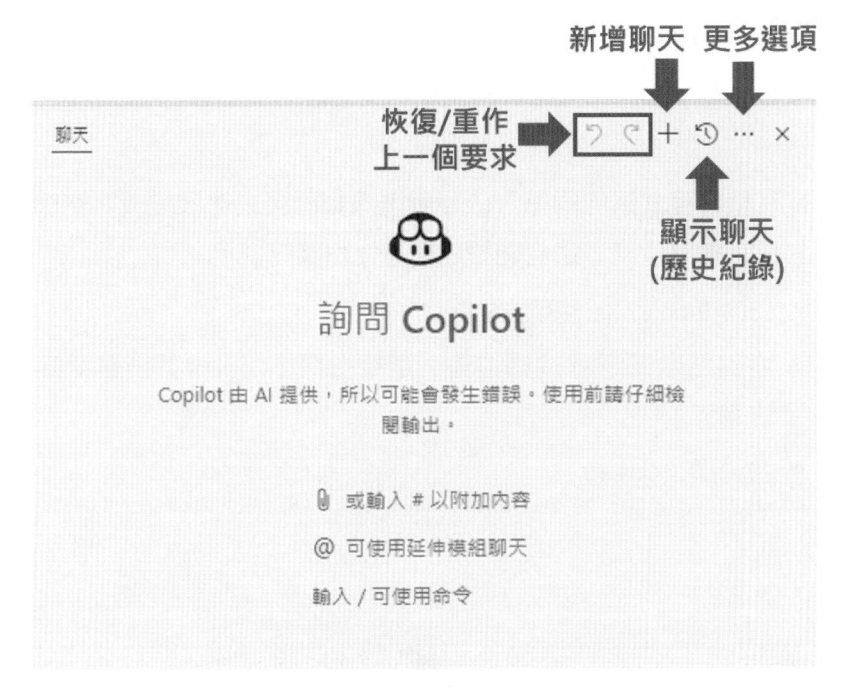

▲ 3-19 聊天視窗功能選單

在更多選項中,使用者能選擇在編輯器中或新視窗開啟 Copilot Chat,以沉浸式環境使用 Copilot Chat。

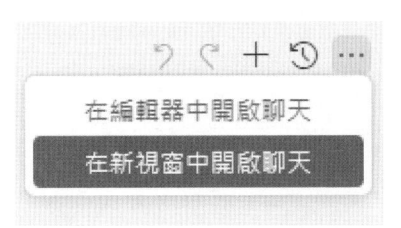

▲ 3-20 在編輯器中開啟聊天

3 GitHub Copilot 基本功能介紹

內嵌聊天 (Inline Chat)

- 直接在編輯器或整合式終端機中展開對話,並在原處獲取程式碼建議。
- 能在撰寫程式碼的同時,依照所選編輯器程式碼區段或終端機的上下文即時獲得建議,適合開發期間專注作業時使用。
- Visual Studio Code 使用方式
  - ◆ 右鍵點選任意程式碼位置,選單選擇【Copilot】後點選使用【內嵌聊天】。
  - ◆ 快捷鍵:Ctrl + I

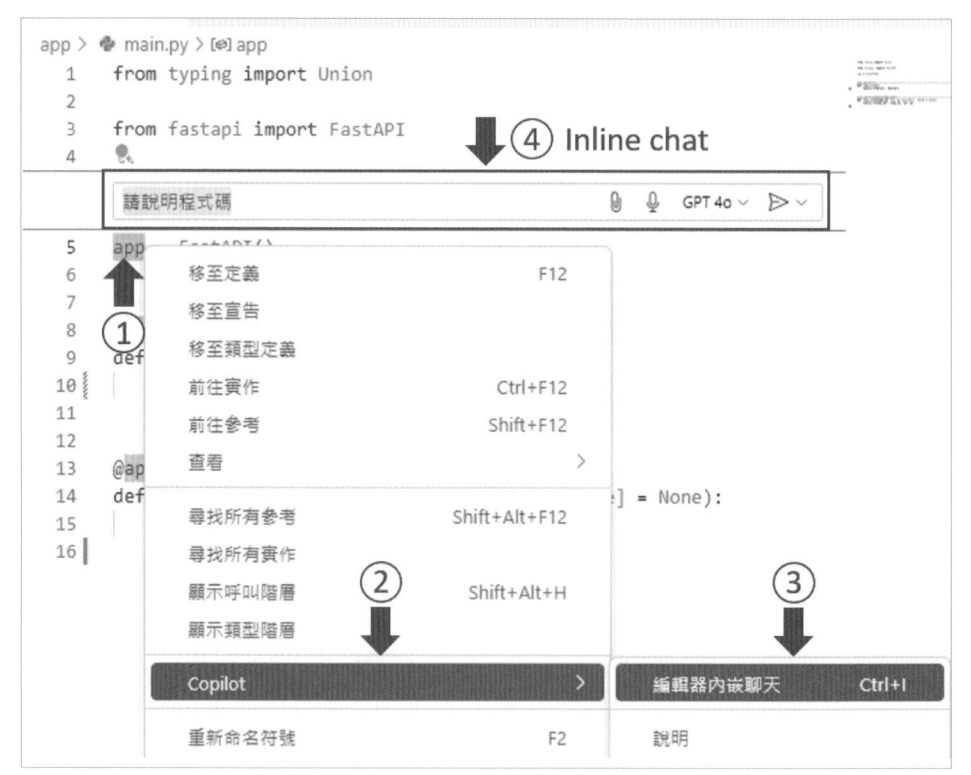

▲ 3-21 開啟編輯器內嵌聊天

3-16

聊天方式撰寫程式 – GitHub Copilot Chat

▲ 3-22 在整合式終端機中展開對話

快速聊天 (Quick Chat)

- 在畫面最上方顯示一個輸入框，以便快速互動，結束後可立即回到當前工作。
- 特別適合臨時提問或快速檢視建議，能即問即答，節省切換視窗的時間。
- Visual Studio Code 快捷鍵： Ctrl + Shift + Alt + L

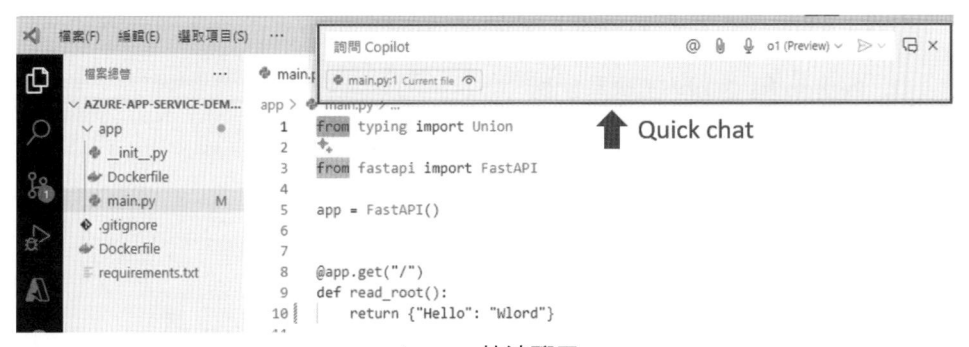

▲ 3-23 快速聊天

如同在通訊軟體中與他人對話般，透過打字或語音的方式，將需求或問題輸入提示詞輸入框，與 GitHub Copilot 進行互動。然而，與人際溝通不同的是，如果缺乏必要情境、使用不精確的描述，或加入過多贅詞與情緒用詞，

3-17

3 GitHub Copilot 基本功能介紹

都可能使意圖模糊，導致 GitHub Copilot 答非所問。為了提升回覆的精準度，GitHub Copilot 提供了「連結內容」和「聊天參與者」等功能，協助使用者加入參考資訊並更精準地描述需求。

此外，GitHub Copilot 與多家 AI 企業合作，提供多種類型的模型，讓使用者在不同情境下都能選用最適合的技術，同時免除了額外訂閱或切換環境的麻煩。這不僅有效節省成本，也大大提高了工作效率。

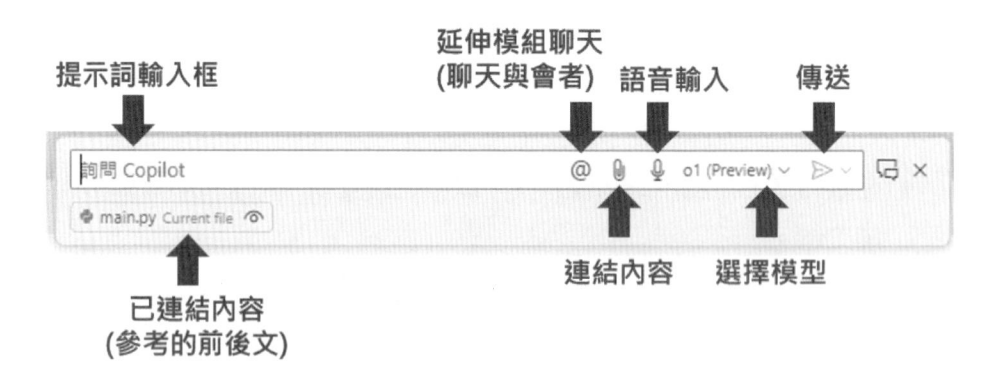

▲ 3-24 聊天功能選單介紹

一般來說，可以詢問軟體開發較為廣泛的問題請 GitHub Copilot 協助，如：

1. Python 與 GO 程式語言比較
2. 告訴我有關 NodeJS Web Server Framework 的資訊
3. Redis 與 Valkey 比較

聊天方式撰寫程式 – GitHub Copilot Chat

> **matsurigoto**
> 告訴我有關 NodeJS Web Server Framework的資訊
>
> **GitHub Copilot**
> 常見的 Node.js Web Server Framework 包含：
> - **Express**：輕量且簡潔，擴充性高，社群資源豐富。
> - **Koa**：由 Express 團隊推出，以非同步流程控制（async/await）著稱。
> - **Hapi**：內建許多功能，注重安全與一致性。
> - **NestJS**：結合 TypeScript 與 OOP 概念，架構清晰。
>
> 選擇框架時可依專案需求、社群支持度與開發人員熟悉度綜合考量。

▲ 3-25 請 GitHub Copilot 協助軟體問題範例

並請能請 GitHub Copilot 協助解釋、產生、修正與審核程式碼

1. 說明 IsPrime 程式內容
2. 優化 PrimeService.cs 程式
3. 撰寫一個判斷質數的 C# 函式

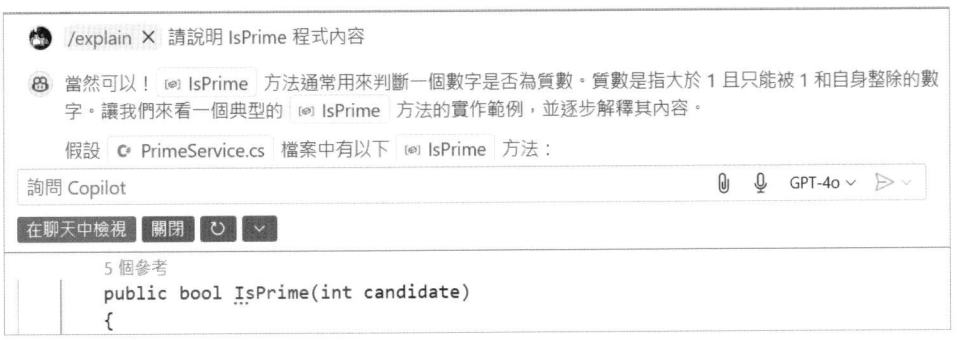

> /explain ✕ 請說明 IsPrime 程式內容
>
> 當然可以！ `IsPrime` 方法通常用來判斷一個數字是否為質數。質數是指大於 1 且只能被 1 和自身整除的數字。讓我們來看一個典型的 `IsPrime` 方法的實作範例，並逐步解釋其內容。
>
> 假設 **C# PrimeService.cs** 檔案中有以下 `IsPrime` 方法：
>
> 詢問 Copilot
>
> 在聊天中檢視 | 關閉
>
> 5 個參考
> ```
> public bool IsPrime(int candidate)
> {
> ```

▲ 3-26 請 GitHub Copilot 解釋程式內容範例

3-19

> matsurigoto
> 撰寫一個判斷質數的 C# 函式

> GitHub Copilot
> 以下是一個判斷質數的 C# 函式：

```csharp
public bool IsPrime(int number)
{
    if (number <= 1)
        return false;
    if (number == 2)
        return true;
    if (number % 2 == 0)
        return false;

    for (int i = 3; i <= Math.Sqrt(number); i += 2)
    {
        if (number % i == 0)
            return false;
    }

    return true;
}
```

▲ 3-27 請 GitHub Copilot 撰寫程式範例

注意：有別於其他 AI 聊天機器人，GitHub Copilot 會專注於程式開發相關任務，如果詢問其他不相關的問題，則不會回覆。

聊天方式撰寫程式 – GitHub Copilot Chat

▲ 3-28 GitHub Copilot 不會回答與程式開發無關的問題

當取得 GitHub Copilot 建議後，內容可能符合需求也可能不符合。我們會建議使用者對於 GitHub Copilot 所提供的資訊給予回饋，讓 GitHub Copilot 持續微調以符合您的程式碼風格或使用習慣，除了同意程式碼建議操作，還可以使用「實用」與「無益」按鈕給予回饋。

▲ 3-29 使用「實用」與「無益」按鈕給予回饋

3-21

3 GitHub Copilot 基本功能介紹

當想要以既有程式碼作為參考，並請 GitHub Copilot 提供協助時，往往會碰到以下幾個困擾，導致必須多次互動才能精準描述需求：

1. 難以說明程式碼所在的位置，例如是在 Visual Studio Code、工作區的某個檔案、編輯器裡的特定區段，還是終端機？
2. 需要參考多個檔案或程式碼片段作為前後文，導致提示詞過於冗長。
3. 問題描述本身不夠精準，無法正確傳達意圖，導致 GitHub Copilot 答非所問。

此時，「提示建構」的技巧便顯得格外重要。GitHub Copilot 提供「聊天參與者 (Chat Participants)」、「斜線命令 (Slash Commands)」以及「聊天變數 (Chat Variables)」三種功能，協助使用者簡化並明確地表達需求。只要點選輸入框旁的「延伸模組」按鈕，或在輸入提示時輸入 @、/ 或 #，即可檢視目前可用的指令。透過這些指令搭配文字描述，便能迅速構建出更精準、有效的提示內容。

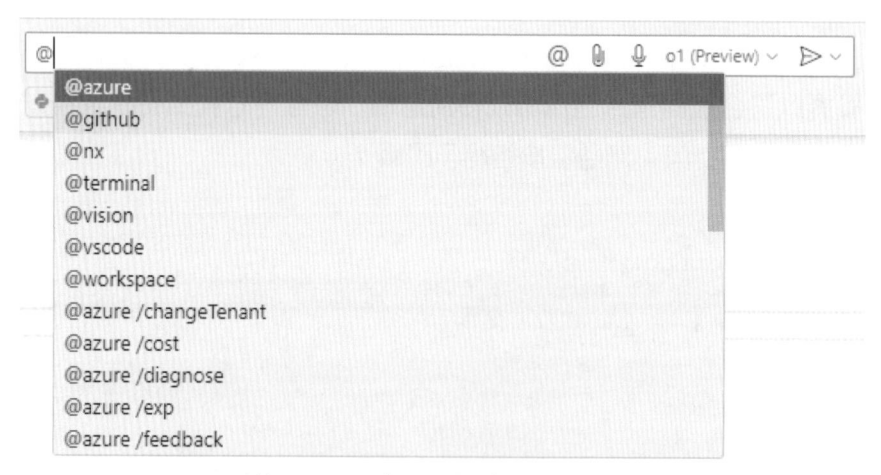

▲ 3-30 輸入 @、/ 或 #，即可檢視目前可用的指令

下列是一些使用範例

- 編輯器選取程式碼，使用「@workspace /explain #Selection」作為提示詞，讓 GitHub Copilot 了解是哪一段程式碼需要說明

聊天方式撰寫程式 – GitHub Copilot Chat

▲ 3-31 @workspace /explain #Selection 使用範例

- 「@vscode Copilot Chat 設定在哪？」，使用 @vscode 讓 GitHub Copilot 了解我們想要知道關於 Visual Studio Code 相關問題

▲ 3-32 @vscode 使用範例

注意：關於提示建構，請參考後續聊天與會者、斜線命令與聊天變數三個章節，會有更詳細的介紹。

3 GitHub Copilot 基本功能介紹

連結內容可以讓 GitHub Copilot 收到前後文以得知目前問題的情境，您可以點選輸入框旁的「連結內容」按鈕並選取相關內容，即可以將該檔案、類別、函式、終端機內容、影像…等資訊加入建構提示內做為參考。已經加入作為前後文的連結內容會顯示在聊天視窗上。

▲ 3-33 選取相關內容做為參考

以下圖為例，我們點選「連結內容」，加入 Git Change、PrimeServices.cs 與 IsPrime 符號，輸入 @workspace /explain 作為提示詞。以白話來說，意思即為請參考版本管理變更內容與 PrimeServices.cs 程式碼，解釋 IsPrime 程式碼內容。

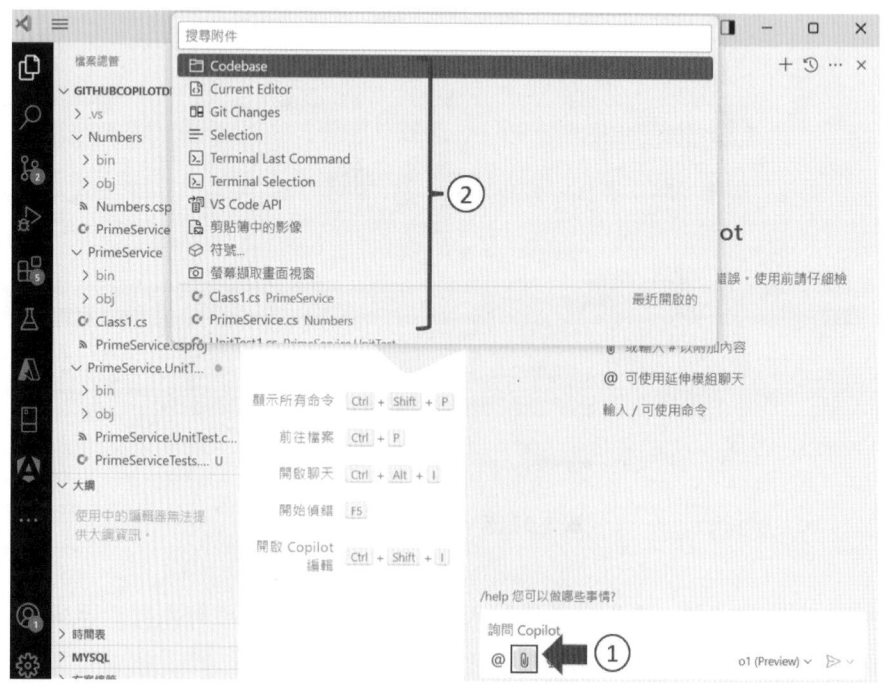

▲ 3-34 如何開啟連結內容

聊天方式撰寫程式 – GitHub Copilot Chat

注意：這裡的符號 (Symbol) 是指「Visual Studio Code 顯示程式結構的符號」，像是函式、類別、介面…等。

注意：準確的前後文做為參考至關重要，過多的參考資訊可能會簡化程大綱，導致 GitHub Copilot 無法準確理解而會答非所問；完全沒有參考資訊其回覆內容可能基於 GitHub Copilot 先前的訓練來為您產建議或生程式碼，可能無法完全符合現有情境與需求。

透過 Git Change、PrimeServices.cs 與 IsPrime 符號三個連結，GitHub Copilot 自動將 PrimeService.cs、PrimeServiceTests.cs 與 UnitTest1.cs 三個檔案做為參考，除此之外，也將其 Git 版本中差異部分加入參考，最終依據這先前後文回覆您的問題。

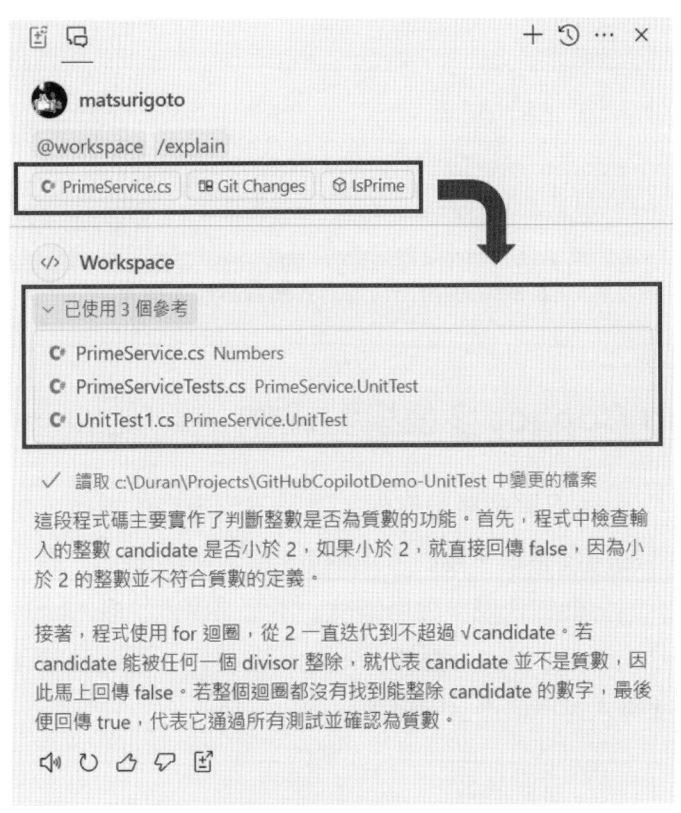

▲ 3-35 參考使用者點選的內容提共建議

3-25

3 GitHub Copilot 基本功能介紹

除了透過聊天視窗內「連結內容」按鈕，在 Visual Studio Code 內使用者也能以拖拉的方式將想要的內容加入聊天視窗。以下圖為例，將上方麵包屑呈現的函示、檔案總管內檔案、大綱內的符號透過游標拖拉方式加入連結內容作為前後文參考。

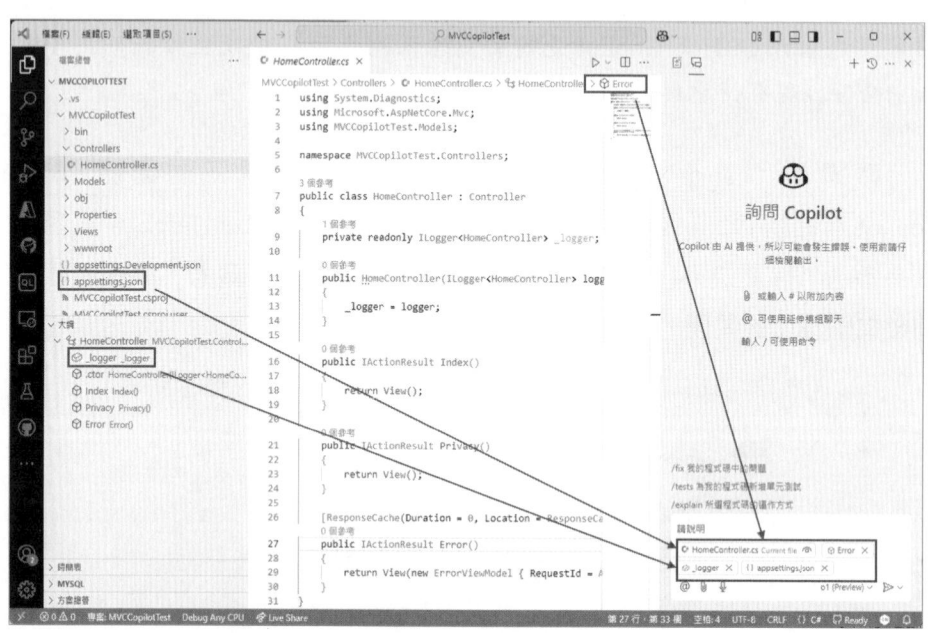

▲ 3-36 使用拖拉的方式將檔案加入參考

▶ GitHub Copilot 多種模型協作

GitHub Copilot 支援多模型協作，透過不同模型的特性，為開發者提供更靈活且高效的開發體驗。我們會建議像面試初階開發者一樣，檢驗這些模型的能力，評估它們的表現與應用情境。本章將深入比較 Gemini 2.0 Flash、O3-Mini、GPT-4o、O1 和 Claude 3.5 Sonnet 的特性、原理及最佳使用情境，幫助讀者根據需求選擇最適合的模型。

▲ 3-37 GitHub Copilot 支援多模型協作

Gemini 2.0 Flash

Gemini 2.0 Flash 由 Google DeepMind 開發，主打快速推斷與生成能力。相較於完整版的 Gemini 2.0，Flash 版本在延遲與資源消耗方面進行了最佳化，更適合即時反應的工作情境；其核心原理採用稀疏 Transformer 架構並搭配動態注意力機制（Dynamic Attention），能在有效降低計算成本的同時提升推斷速度。

建議使用情境：

- 即時建議：如程式碼補全、自動生成註解和小段落說明。
- 輕量工作負載：適合短期、快速處理的開發場景。

2. O3-Mini

這款輕量級模型由開源社群共同開發，強調資源效率與推斷速度；其核心原理在於透過壓縮量化技術與剪枝演算法來減少參數，進而在低資源環境下亦能維持高效推斷。

最佳使用情境：

- 簡單程式碼生成與錯誤修正。
- 節能型開發環境，如低功耗筆電或雲端節約成本模式。

3-27

GPT-4o

這個 GPT-4 優化版本由 OpenAI 推出，結合了強大的推理能力與快速生成效率，並能處理更長的上下文，尤其適用於長篇內容需求；其核心架構採用多層 Transformer 變種，並透過密集編碼（Dense Encoding）技術強化語意理解與邏輯推理。

建議使用情境：

- 複雜程式碼生成與重構。
- 技術文檔撰寫與詳細解釋。
- 長期開發專案的持續輔助。

O1

這款模型在推理方面具有極高的能力，能夠處理複雜推導與問題解決，但相對速度較慢；其核心原理採用層次化推理架構，透過逐層推導的方式來找出並構建完整解答。

建議使用情境：

- 棘手的程式錯誤診斷與解決。
- 複雜演算法設計與驗證。

5. Claude 3.5/3.7 Sonnet

這款由 Anthropic 開發的模型強調生成簡潔、高效的程式碼片段，預設能產出約 30 至 40 行程式碼，貼近工程師的日常需求；其核心原理採用憲法式 AI 訓練（Constitutional AI），透過一組預設的原則來引導模型，確保生成內容在安全性與準確度上都能達到更高水準。

建議使用情境：

- 日常開發中的程式碼撰寫與重構。
- 程式碼片段優化與解釋。

最佳使用情境

特性	Gemini 2.0 Flash	O3-Mini	GPT-4o	O1	Claude 3.5 Sonnet
推斷速度	★★★★★	★★★★	★★★★	★★	★★★★
邏輯推理能力	★★★	★★★	★★★★★	★★★★★★	★★★★
程式碼生成質量	★★★	★★★	★★★★★★	★★★★	★★★★★
長上下文處理	★★★	★★	★★★★★★	★★★★	★★★★
能耗效率	★★★★★	★★★★★★	★★★★	★★	★★★★

▲ 3-38 各模型比較

▶ 最佳使用情境

在 GitHub Copilot 內使用多模型協作，開發者可以根據需求靈活切換模型。對於日常開發，Claude 3.5 Sonnet 和 Gemini 2.0 Flash 是高效選擇；處理複雜情境時，GPT-4o 和 O1 則能提供更強的推理與解答能力。這樣的模型組合不僅提升了開發效率，也讓不同工作情境下的挑戰變得更容易應對。下列是我們列出的使用情境，提供讀者參考。

1. 即時開發：
   - 使用 Gemini 2.0 Flash 或 O3-Mini 進行快速程式碼補全與簡單問題解答。

2. 日常開發：
   - Claude 3.5/3.7 Sonnet 適用於日常程式碼生成、片段優化與解釋。

3. 複雜問題解決：
   - 若遇到複雜邏輯或困難錯誤，建議使用 GPT-4o 進行推理與分析。
   - 在 GPT-4o 無法解決時，可切換至 O1 進行更深入的推導。

4. 長期專案支援：
   - GPT-4o 是大型專案的最佳選擇，特別是在需要處理大量上下文的情境下。

3 GitHub Copilot 基本功能介紹

注意：雖然已經彙整目前 GitHub Copilot 可用的模型特性與使用情境，但仍建議讀者以「面試初階開發者」的方式來評估各模型的能力，藉此找到適合自己的使用情境。

▶ 查看 GitHub Copilot 是否建議相符合公共程式碼

無論使用程式碼自動完成功能或是 GitHub Copilot Chat 所提供的程式碼建議，雖然與公共儲存庫 (Public Repository) 內容相同的機率相當低 (低於 1%)，但仍有可能出現。若該程式碼原本受特定授權 (License) 限制，在引用時未遵守其權利義務，就可能面臨法律風險；因此，無論個人或企業都必須謹慎小心。

為降低風險，GitHub Copilot 提供了「允許」或「阻止」顯示與公開程式碼相符建議的選項。若您選擇封鎖此類建議，GitHub Copilot 會根據 GitHub 上的公開程式碼進行檢查，並對建議程式碼前後約 150 個字元進行比對。一旦發現內容相符或高度近似，便不會顯示該建議。

在 GitHub 網站的個人選單中選擇【Your Copilot】，找到【Suggestions matching public code (duplication detection filter) 】設定，並依需求開啟或關閉此功能。

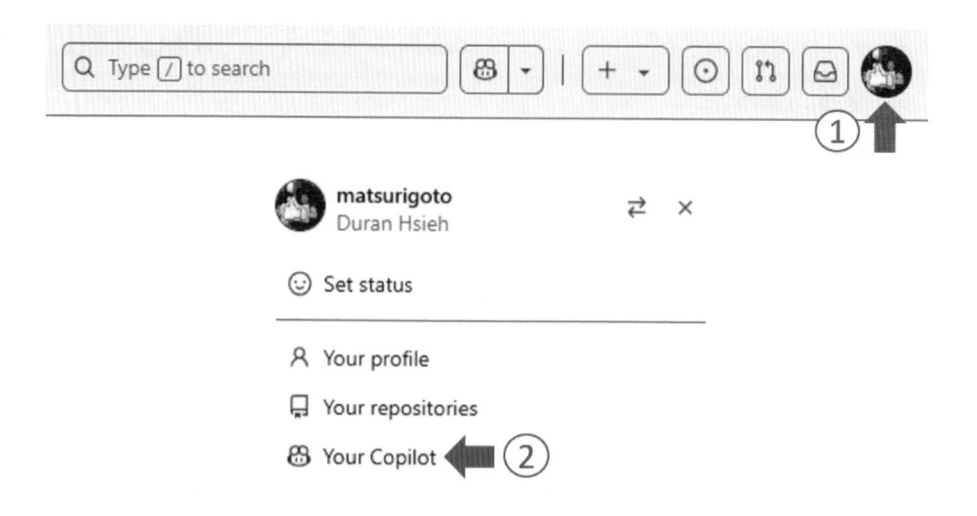

查看 GitHub Copilot 是否建議相符合公共程式碼

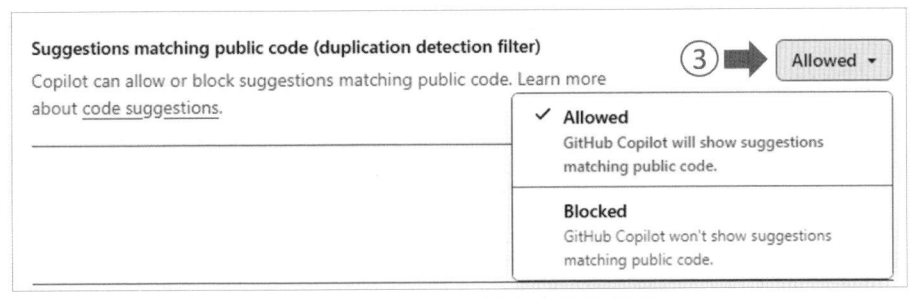

▲ 3-39 開啟建議相符合公共程式碼

注意：GitHub Copilot 會將「建議的程式碼」及其附近的內容，與 GitHub 上所有公共儲存庫（Public Repository）建立的搜尋索引進行比對。由於這份搜尋索引每隔幾個月才更新一次，因此有時可能搜尋不到最新上傳的程式碼，或搜尋結果中仍包含已被刪除的程式碼。

與 GitHub Copilot 互動過程中，如果有出現相符且具有授權的程式碼建議，GitHub Copilot 會出現提示訊息。若想要知道每一次自動完成程式碼建議參考來源，可以透過下列步驟：

1. 在 Visual Studio Code 環境內，點選功能列中的【檢視】，選擇【輸出】

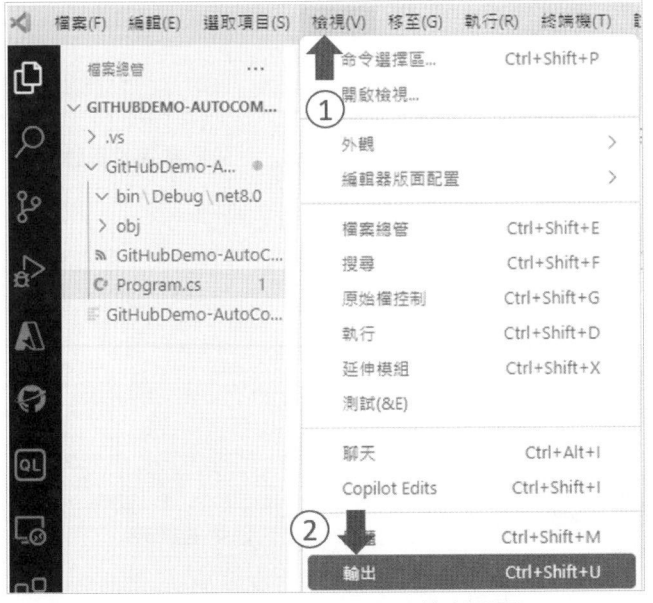

▲ 3-40 Visual Studio Code 輸出選單

3-31

3 GitHub Copilot 基本功能介紹

2. 在輸出視窗中點選下拉選單，選擇【GitHub Copilot Log】

▲ 3-41 開啟 GitHub Copilot Log

3. 開始撰寫程式碼，出現自動完成程式碼建議時同意程式碼內容

4. 從輸出視窗即可看見相關資訊包含：

- 接受建議的日期和時間
- 新增建議的檔案名稱與建議位置
- 類似的程式碼、授權數量和類型與 GitHub.com 頁面的連結

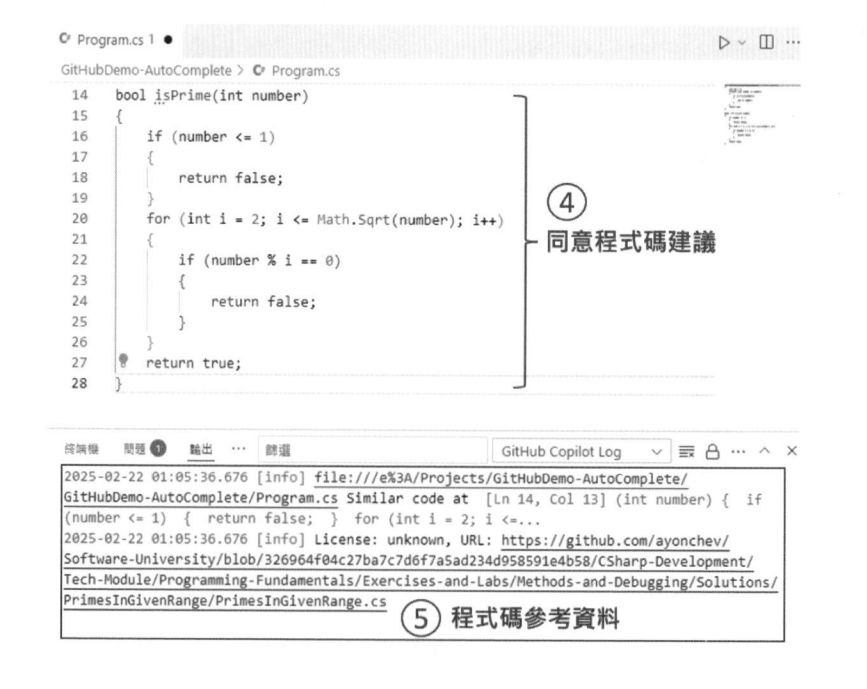

3-32

查看 GitHub Copilot 是否建議相符合公共程式碼

▲ 3-42 程式碼建議與 GitHub.com 頁面

如果是透過 GitHub Copilot Chat 中的回應包含相符程式碼代碼,則會在回應末端顯示【檢視相符項目】。

3 GitHub Copilot 基本功能介紹

```
將此函式加入到 C# Program.cs 中：

int addPrimeNumbersInNumericList(List<int> numbers)
{
    int sum = 0;
    foreach (int number in numbers)
    {
        if (isPrime(number))
        {
            sum += number;
        }
    }
    return sum;
}

bool isPrime(int number)
{
    if (number <= 1) return false;
    if (number == 2) return true;
    if (number % 2 == 0) return false;

    for (int i = 3; i <= Math.Sqrt(number); i += 2)
    {
        if (number % i == 0) return false;
    }
    return true;
}

找到 1 種授權類型的類似代碼 - 檢視相符項目 ① 
```

▲ 3-43 檢視相符項目

點選【檢視相符項目】顯示相符程式碼、授權類型與 GitHub.com 頁面的連結。

```
1   # Code Citations
2
3   ## License: 未知
4   https://github.com/FmoOliveira/myPortal/tree/eb47865e7bce417fbfc581e1258d2d0d2cdffb14/index.md
5
6   ```
7   == 2) return true;
8       if (number % 2 == 0) return false;
9
10      for (int i = 3; i <= Math.Sqrt(number); i += 2)
11      {
12          if (number % i == 0) return false;
13      }
14  ```
15
16
17  ## License: 未知
18  https://github.com/JerMej1s/DevBuildLab6_1_PrimeNumbers/tree/636a56738e0bb91f61af4b1328033f61d3e4e635/Program.cs
19
20  ```
21  <= 1) return false;
22      if (number == 2) return true;
23      if (number % 2 == 0) return false;
24
25      for (int i = 3; i <= Math.Sqrt(number); i += 2)
26      {
27          if (number
28  ```
```

▲ 3-44 顯示相符程式碼、授權類型

GitHub Copilot Edits：高效開發的新利器

注意：目前僅在 Visual Studio Code 和 GitHub 網站上提供對相符程式碼的引用功能。

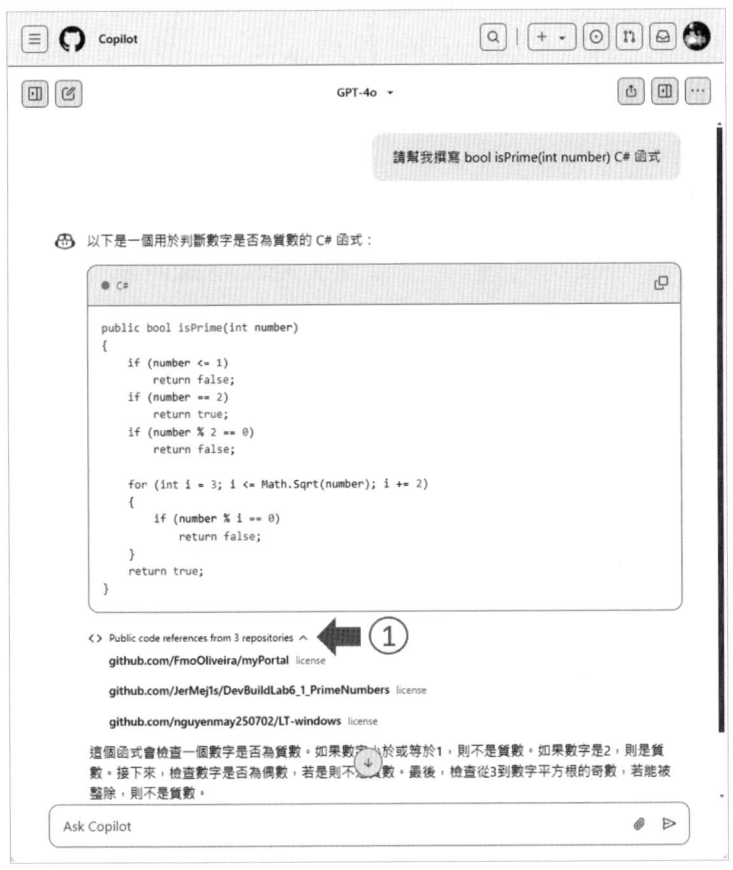

▲ 3-45 GitHub.com 頁面的連結

▶ GitHub Copilot Edits：高效開發的新利器

　　GitHub Copilot Edits 是 GitHub Copilot 生態系中的一項強大功能，專為即時程式碼編輯設計。它不僅能一次修改多個文件，還引入了「意圖識別」（Intent Detection），讓 Copilot 更加智慧，能夠在對話時自動理解並包含相關的上下文資訊。除了生成新程式碼外，Copilot Edits 也能直接修改現有程式

3 GitHub Copilot 基本功能介紹

碼，根據開發者的提示進行重構、優化、錯誤修復，甚至提升可讀性。

與 Copilot 的即時補全功能不同，Copilot Edits 著重於對現有程式碼的修改，並能透過自然語言提示進行批次變更，省去逐行手動調整的麻煩，使開發流程更加高效。雖然 Copilot Edits 和 Copilot Chat 都能協助開發者提升生產力，但它們在**操作方式**與**應用情境**上存在明顯差異。

特性	Copilot Edits	Copilot Chat
主要功能	修改現有程式碼，進行重構、修復與最佳化	與 AI 對話，獲得解答、解釋與建議
操作方式	在原始碼中直接提示並應用變更	透過 Chat 窗格輸入問題並獲得回答
互動類型	以程式碼為中心，針對特定檔案或片段進行修改	以對話為中心，解決開發、除錯與知識查詢需求
適用情境	代碼重構、錯誤修復、最佳化	尋求技術解答、理解概念、獲得開發指引
輸出形式	直接生成變更，允許一鍵應用或拒絕	以對話形式回應，並可選擇複製建議到編輯器

▲ 3-46 Copilot Edit 與 Copilot Chat 比較

簡而言之，Copilot Edits 讓開發者可以**在程式碼中直接作業**，而 Copilot Chat 則更像一個即時的開發夥伴，提供知識支援與建議。

開啟 GitHub Copilot Edits 相當容易，只需要從聊天視窗輸入框點選下拉選單，選擇編輯即可使用 Copilot Edits。

▲ 3-47 開啟 Copilot Edits 方式

GitHub Copilot Edits：高效開發的新利器

　　GitHub Copilot Edits 與 GitHub Copilot Chat 介面相似，主要以下拉選單中詢問 / 編輯作為區分。且有別於 Copilot Chat 的提示建構只有連結內容 (#) 與 /clear，不能使用其他斜線命令 (/) 與聊天參與者 (@)。檢視畫面說明說明如下：

1. 切換成 GitHub Copilot Chat/Edit 下拉選單
2. 恢復上次編輯按鈕
3. 重作上次編輯按鈕
4. 新增工作編輯階段按鈕
5. 歷史紀錄
6. 新增內容 (要修改的檔案)

▲ 3-50 Copilot 選單功能說明

3-37

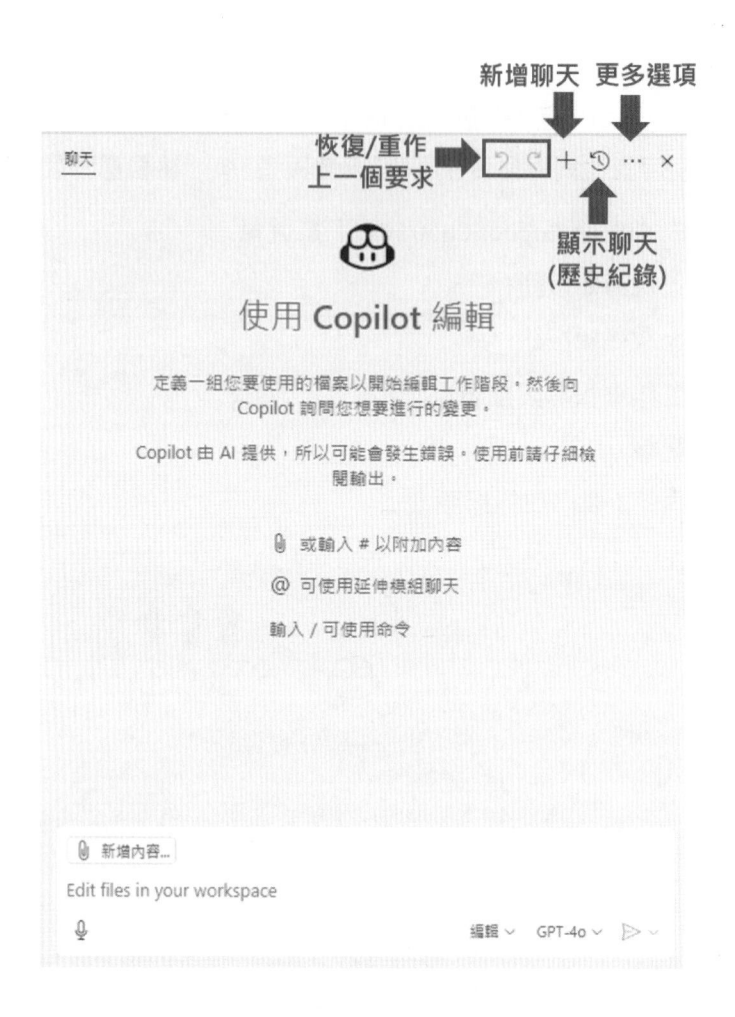

我們以修改多個測試程式內命名空間 (namespace) 為例，我們先將要修改的檔案內容加入 GitHub Copilot Edits 內，輸入提示詞：「請將命名空間為 PrimeService.Tests 調整為 PrimeServiceTest」。

GitHub Copilot Edits：高效開發的新利器

▲ 3-51 修改多個命名空間範例

　　GitHub Copilot Edits 即會掃描這些檔案並將變更部分開啟，提供使用者預覽。使用可以審核完所有內容後，Copilot Edits 內點選接受按鈕同意全部變更。也能逐一在編輯器預覽內容後逐一同意變更。

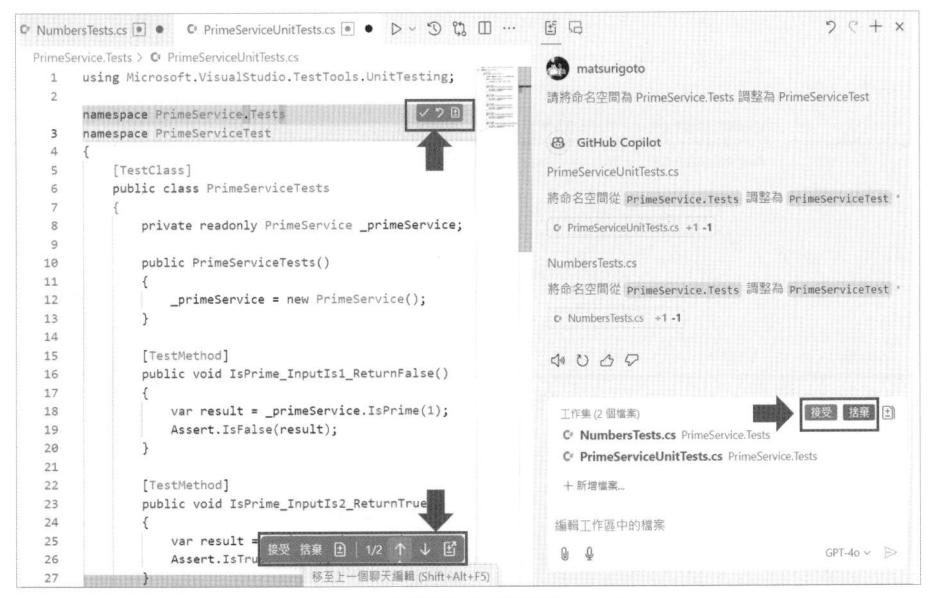

▲ 3-52 提供使用者預覽，審核

3-39

Copilot Edits 最佳實踐

Copilot Edits 功能允許使用者同時編輯多個檔案，但為了充分發揮 Copilot Edits 的效能，下列是一些最佳實踐：

1. **提供清晰且具體的指示**：提示應具體描述**目標行為**與**預期結果**，避免模糊的要求
   - 好的提示：將此 Python 函式最佳化，減少重複的程式碼。
   - 不良提示：讓這個更好。

2. **小步驟變更，隨時檢查**：進行大型變更時，建議**逐步執行**，每次變更後進行測試與驗證。例如：逐步重構長函式，而非一次要求大規模變更。

3. **善用「預覽」功能**：確認變更前，仔細檢查 Copilot 提供的變更預覽，以確保符合預期。例如：GitHub Copilot 會在每次編輯前提供差異比較，便於檢視。

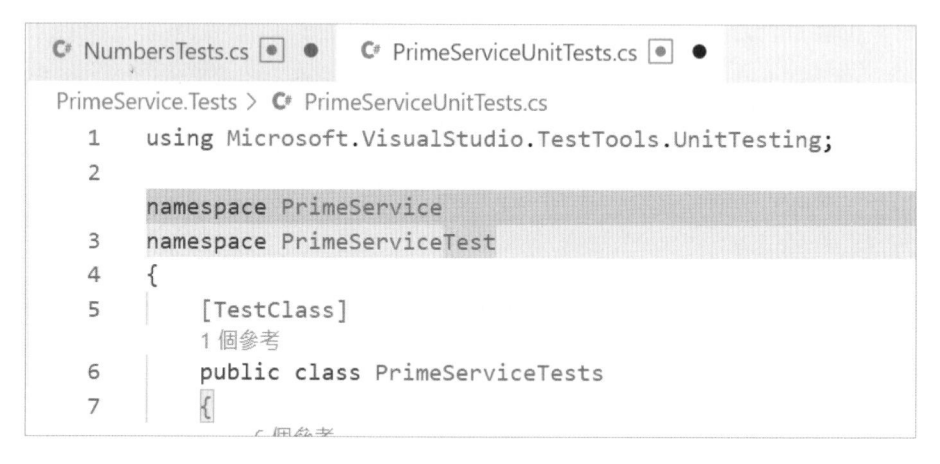

▲ 3-53 變更預覽

4. **與 Copilot Chat 結合使用**：若 Copilot Edits 生成的結果未完全符合預期，可以使用 Copilot Chat 進一步微調。例如：使用 Copilot Edits 生成變更後，若結果不符預期，可以在 Copilot Chat 中輸入：「這段變更不符合需求，請重新生成，並確保符合以下條件...」。

GitHub Copilot Chat 與 GitHub Copilot Edits 乍看之下相似，但實際的使用情境與操作方式有所不同。即使是在 GitHub Copilot Chat 內部，不同的功能也各具特色。以下將介紹 Copilot Edits、Chat View、Inline Chat 和 Quick Chat，幫助讀者理解它們的差異與最佳應用方式。

Capability	Copilot Edits	Chat view	Inline Chat	Quick Chat
Receive code suggestions	✓	✓	✓	✓
Multi-file edits	✓	✓*		✓*
Preview code edits in editor	✓		✓	
Code review flow	✓			
Roll back changes	✓			
Attach context	✓	✓	✓	✓
Use participants & commands		✓		✓
Generate shell commands		✓		✓
General-purpose chat		✓	✓	✓

▲ 3-54 各種聊天方式比較

GitHub Copilot Edits 透過即時修改與最佳化現有程式碼，將開發工作提升至更高的效率層級。它與 Copilot Chat 相輔相成，不僅能產生新程式碼，也能快速改善現有程式碼品質。

重點回彙整：

- **快速重構**：將冗長的程式碼轉為模組化與可讀性更高的版本。
- **錯誤修復**：迅速處理常見的例外情境。
- **批次變更**：一鍵完成多檔案的格式與語法調整。

善用 Copilot Edits，不僅能提升開發速度，也能確保程式碼的一致性與品質，真正實現**事半功倍**的開發體驗！

3　GitHub Copilot 基本功能介紹

▶ 出一張嘴寫程式 – 使用語音輸入與 GitHub Copilot Chat 互動

過去在程式開發的情境中，多半採用鍵盤進行輸入。然而，隨著語音辨識技術的進步，越來越多開發者嘗試以「講」的方式完成程式碼的撰寫、編輯與操作。雖然 Visual Studio Code 與 GitHub Copilot 的延伸模組尚未內建語音輸入功能，但使用者可以安裝微軟官方提供的 VS Code Speech 延伸模組，並搭配 GitHub Copilot Chat 審閱與接受程式碼建議，藉此實現用語音撰寫程式碼的效果。

在開始安裝 VS Code Speech 延伸模組之前，建議先安裝【Chinese (Traditional) Language Pack for Visual Studio Code】，以提供繁體中文的本地化使用者介面。完成後，再安裝】VS Code Speech】與【Chinese (Traditional, Taiwan) language support for VS Code Speech】等延伸模組，即可開始使用語音輸入功能。

點選延伸模組，於搜尋框內輸入模組名稱搜尋並進行安裝

出一張嘴寫程式 – 使用語音輸入與 GitHub Copilot Chat 互動

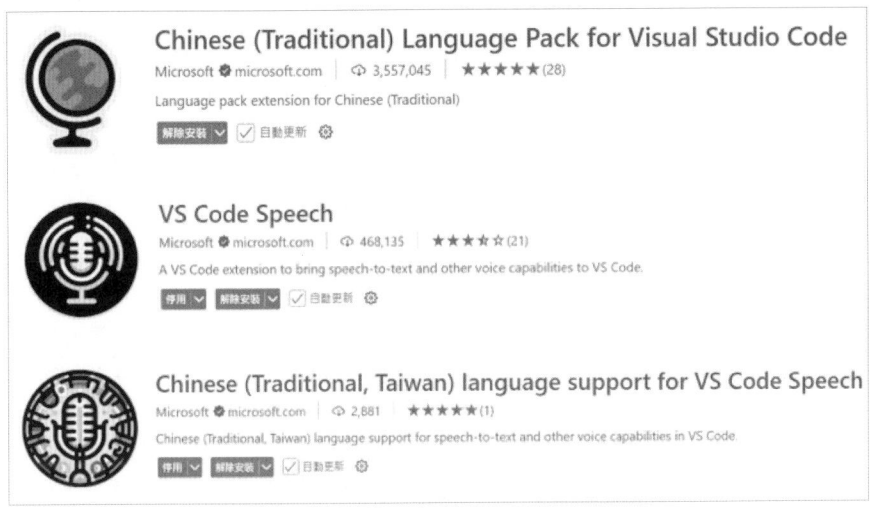

▲ 3-55 依序安裝三種延伸模組以啟用繁體中文語音輸入

在撰寫程式時，可以先將游標移動至需要討論的程式碼位置，然後按下快捷鍵 Ctrl + I（macOS 上為 Cmd + I）開啟 Inline Chat View。開啟後，點擊麥克風圖示即可啟用語音輸入。若想更快地啟動語音輸入，也可以持續按住 Ctrl + I 達到相同的效果。

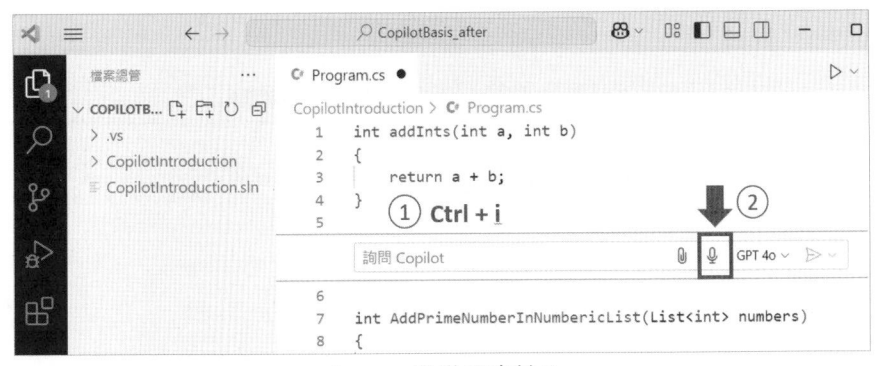

▲ 3-56 啟動語音輸入

理所當然，也能在 Chat View 內以快捷鍵 Ctrl + I 啟用語音輸入。以下圖為例，先選取 AddPrimeNumbericList 函式程式碼區塊，於 Chat View 使用語音輸入「請協助我優化此程式」，審閱 GitHub Copilot 所提供的程式碼建議並確認符合需求後，點選**在編輯器中使用**按鈕，完成程式碼優化工作。

3-43

3 GitHub Copilot 基本功能介紹

▲ 3-57 協助優化程式範例

▲ 3-58 接受優化程式變更

注意：雖然語音輸入相當便利，但因個人說話習慣，往往會出現多餘的語助詞（例如「了」、「呢」、「嗎」、「乎」、「哉」、「也」等）。在多數情況下，這些詞彙並不會影響 GitHub Copilot 的回應，不過提供更明確的指示仍能獲得更精準的協助。建議在使用語音輸入前，先稍加思考如何表達，以取得最佳效果。

3-44

▶ 斜線命令 (Slash Command)

斜線命令是 GitHub Copilot 提供的一組特殊指令，讓使用者能以精簡的方式快速設定工作意圖。只要在對話欄內輸入「/ 指令」即可啟用，就像許多聊天工具（如 Slack、Discord）中的「/ 指令」功能一樣，能幫助您迅速完成常見的提示或動作。在 GitHub Copilot Chat 內直接輸入「/」找到可以使用目前可用斜線命令。

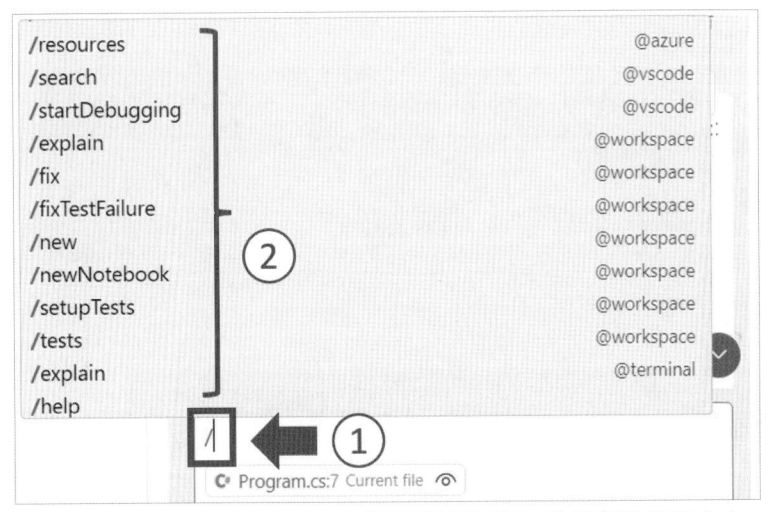

▲ 3-59 在 GitHub Copilot Chat 內直接輸入「/」找到各種斜線命令

除了由 Visual Studio Code 與 GitHub Copilot 擴充套件所提供的斜線命令（我們稱這些命令為「聊天參與者」，如上圖中的 @workspace、@terminal 和 @vscode，稍後會做更詳細的介紹），透過其他 Copilot 相關擴充套件取得更多斜線命令。例如，上圖中的 @azure 就是安裝 GitHub Copilot for Azure 擴充套件後所新增的聊天參與者，它提供了 /resources 斜線命令，能查詢 Azure 資源。

3-45

GitHub Copilot for Azure 預覽
Microsoft · microsoft.com | 184,436 | ★★★★★ (7)
GitHub Copilot for Azure is the @azure extension. It's designed to he...

如果想進一步瞭解可用的聊天參與者及其斜線命令，只需在 Visual Studio Code 的延伸模組中輸入關鍵字「tag:chat-participant」進行搜尋，就能找到更多相關的擴充套件。

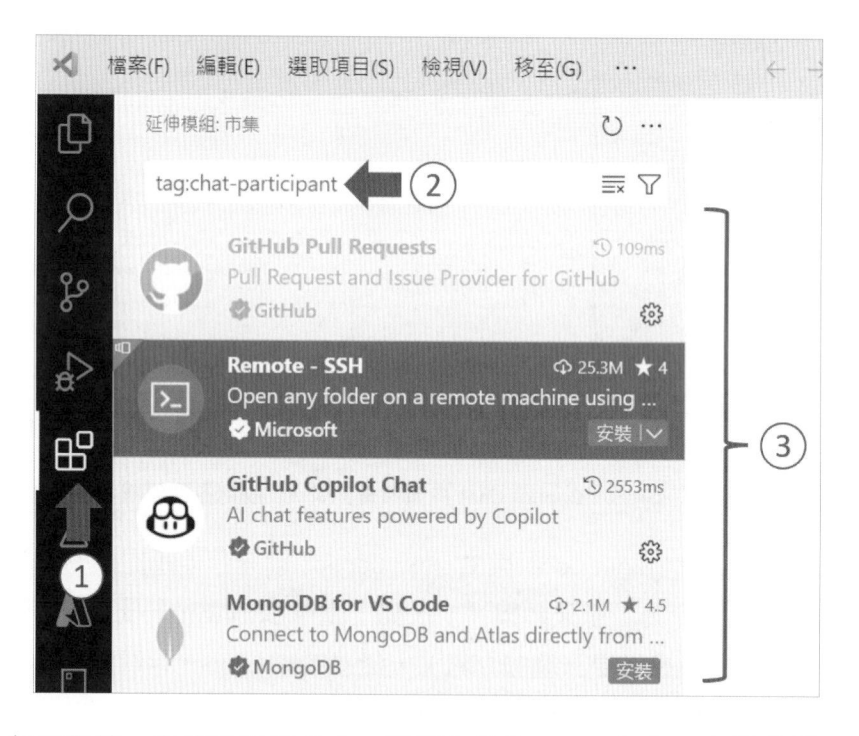

如果是第一次使用斜線命令，建議先輸入 /help 命令，查看各種可用的斜線命令與說明，能更快速地上手。

斜線命令 (Slash Command)

```
matsurigoto
/help  ← ①

GitHub Copilot
您可以向我詢問一般程式設計問題，或與下列具備專業知識且能執行動作的參與者聊天：

• @workspace - 提出有關您工作區的問題
    ○ /explain - 說明使用中編輯器中的程式碼如何運作
    ○ /tests - 為選取的程式碼產生單元測試
    ○ /fix - 為選取的程式碼中的問題建議修正
    ○ /new - 工作區中新檔案或專案的 Scaffold 程式代碼
    ○ /newNotebook - 建立新的 Jupyter Notebook
    ○ /fixTestFailure - 為失敗的測試建議修正
    ○ /setupTests - 在專案中設定測試 (實驗性)
• @vscode - 詢問有關 VS Code 的問題
    ○ /search - 產生工作區搜尋的查詢參數
    ○ /startDebugging - 產生啟動設定並在 VS Code 中開始偵錯 (實驗型)
• @terminal - 詢問如何在終端機中執行某些動作
    ○ /explain - 說明終端的內容
```

▲ 3-60 輸入 /help 命令，查看各種可用的斜線命令與說明

對於初階開發者而言，斜線命令提供了一種更直覺的 GitHub Copilot 互動方式。透過明確的指令呼叫，不僅能加速開發流程，也能降低生成不必要程式碼的機率。舉例來說，若想請 GitHub Copilot 解釋所選取的程式碼區塊，與其輸入「請協助我解釋這段程式碼」這類冗長指令，不如在 Chat View 中以「@workspace /explain」（或在 Inline Chat View 中使用「/explain」）進行提示。這樣不但節省輸入時間，精簡的指令也能避免過度描述，進一步提升 GitHub Copilot 回覆的準確度。

注意：目前 GitHub Copilot 的設計，多數情況下只支援一次一個斜線命令，也就是在同一對話中輸入多個指令可能無法正常運作。若想針對同一段程式碼做多項處理，建議依序呼叫不同的斜線命令（例如先使用 /explain 獲取說明，再使用 /refactor 進行重構），以確保每一個指令都能準確執行並取得預期結果。

```
① ➡ /explain 說明使用中編輯器中的程式碼如何運作
 7    int AddPrimeNumberInNumbericList(List<int> numbers)
 8    {
 9        int sum = 0;
10        foreach (var number in numbers)
11        {
12            if (IsPrime(number))
13            {
14                sum += number;
15            }
```

▲ 3-61 使用 /explain 解釋程式內容 (1)

/explain

這段 C# 程式碼的主要目的是計算一個整數列表中所有質數的總和。程式碼分為幾個部分來實現這個目標。

首先，定義了一個名為 `AddPrimeNumberInNumbericList` 的方法，這個方法接受一個整數列表作為參數，並返回列表中所有質數的總和。在這個方法中，使用了一個 `foreach` 迴圈來遍歷列表中的每個數字，並使用 `IsPrime` 方法來檢查該數字是否為質數。如果是質數，則將其加到總和中。

▲ 3-62 使用 /explain 解釋程式內容 (2)

對於進階使用者而言，斜線命令也能進一步客製化開發體驗，例如快速生成測試檔、設定檔或特定程式結構。舉例來說，我們想要「使用 ASP. NET 5 MVC C# 建立新工作區」以表示使用者想要建立新專案，即可簡潔的以「@workspace /new ASP.NET 5 MVC C#」指示請 GitHub Copilot 生成工作區。

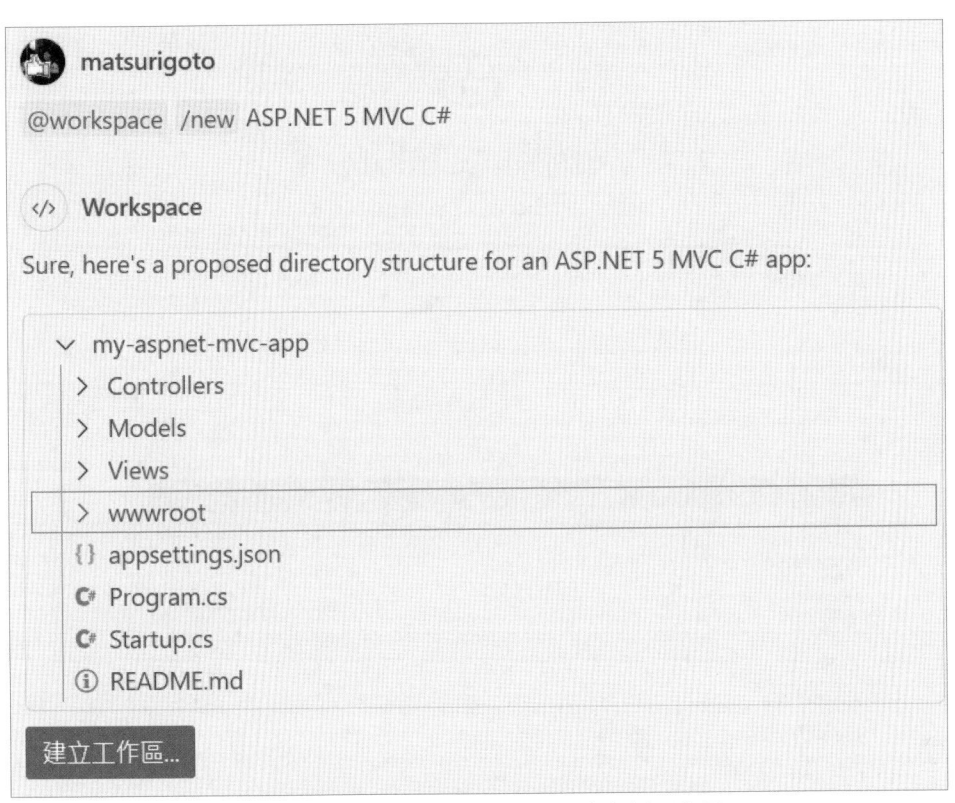

斜線命令 (Slash Command)

> **matsurigoto**
>
> @workspace /new ASP.NET 5 MVC C#
>
> **</> Workspace**
>
> Sure, here's a proposed directory structure for an ASP.NET 5 MVC C# app:
>
> ```
> ∨ my-aspnet-mvc-app
>   > Controllers
>   > Models
>   > Views
>   > wwwroot
>   {} appsettings.json
>   C# Program.cs
>   C# Startup.cs
>   ⓘ README.md
> ```
>
> 建立工作區...

▲ 3-63 使用 @workspace /new 建立新工作區

注意：不同的代理程式 (Agent) 可能擁有不同的斜線命令，與 GitHub Copilot Chat 互動時，輸入 / 確認目前可用的斜線命令。

3-49

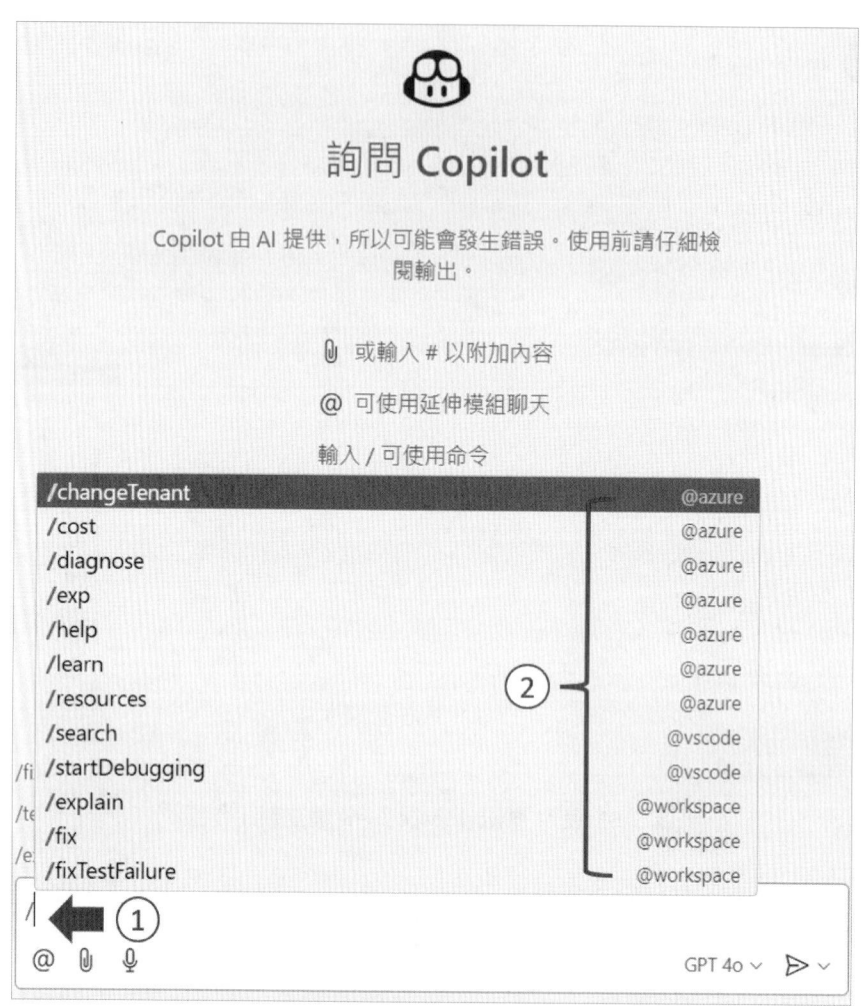

3 GitHub Copilot 基本功能介紹

```
                    詢問 Copilot

        Copilot 由 AI 提供，所以可能會發生錯誤。使用前請仔細檢
                        閱輸出。

              📎 或輸入 # 以附加內容
              @ 可使用延伸模組聊天
              輸入 / 可使用命令

    /changeTenant                              @azure
    /cost                                      @azure
    /diagnose                                  @azure
    /exp                                       @azure
    /help                                      @azure    ②
    /learn                                     @azure
    /resources                                 @azure
    /search                                    @vscode
/fi /startDebugging                            @vscode
/te /explain                                   @workspace
    /fix                                       @workspace
/e  /fixTestFailure                            @workspace

    /     ←①

    @ 📎 🎤                            GPT 4o ⌄   ▷
```

▲ 3-64 輸入 / 確認與目前 Agent 之間可用的斜線命令

以下提供 Visual Studio Code 常見的 GitHub Copilot 斜線命令 (實際指令名稱與功能會隨版本更新或個人設定而略有差異)：/clear

- 用於清除對話的歷史紀錄。由於 GitHub Copilot 會將先前的互動內容視為後續問題的參考，如果您想提出截然不同的需求或請求，建議先清理既有紀錄，以免影響新的對話與建議。

- 範例：「 / clear」清理對話歷史紀錄。

斜線命令 (Slash Command)

/explain
- 作用：解釋選取程式碼的用途與邏輯。
- 範例：「/explain 選取程式碼段落或程式碼名稱」會回傳該段程式的功能說明與運作方式。

/fix
- 作用：檢查選取程式碼的問題並嘗試進行修正與優化。
- 範例：「/fix 選取程式碼段落或程式碼名稱」會給出可能的改進建議或修正版本。

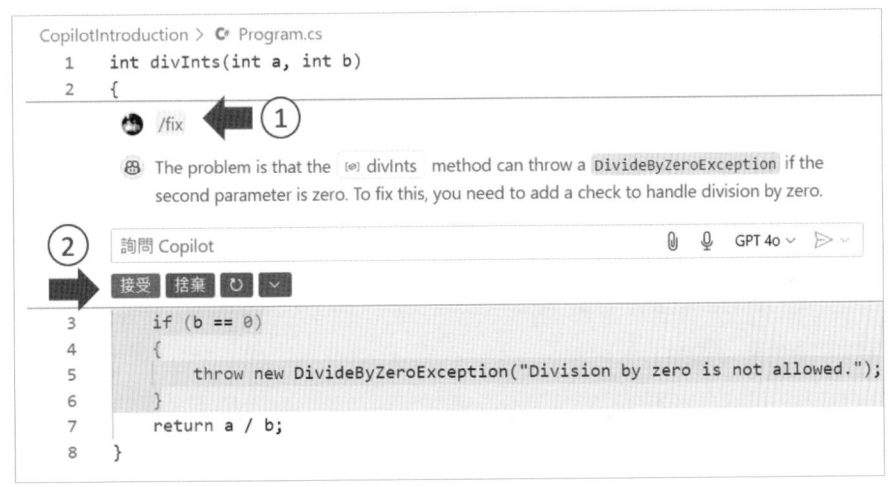

▲ 3-65 /fix 使用範例

/fixTestFailure
- 作用：檢查工作區內測試程式是否失敗並嘗試進行修正與優化。
- 範例：「/ fixTestFailure」會給出可能的改進建議或修正版本

3-51

3 GitHub Copilot 基本功能介紹

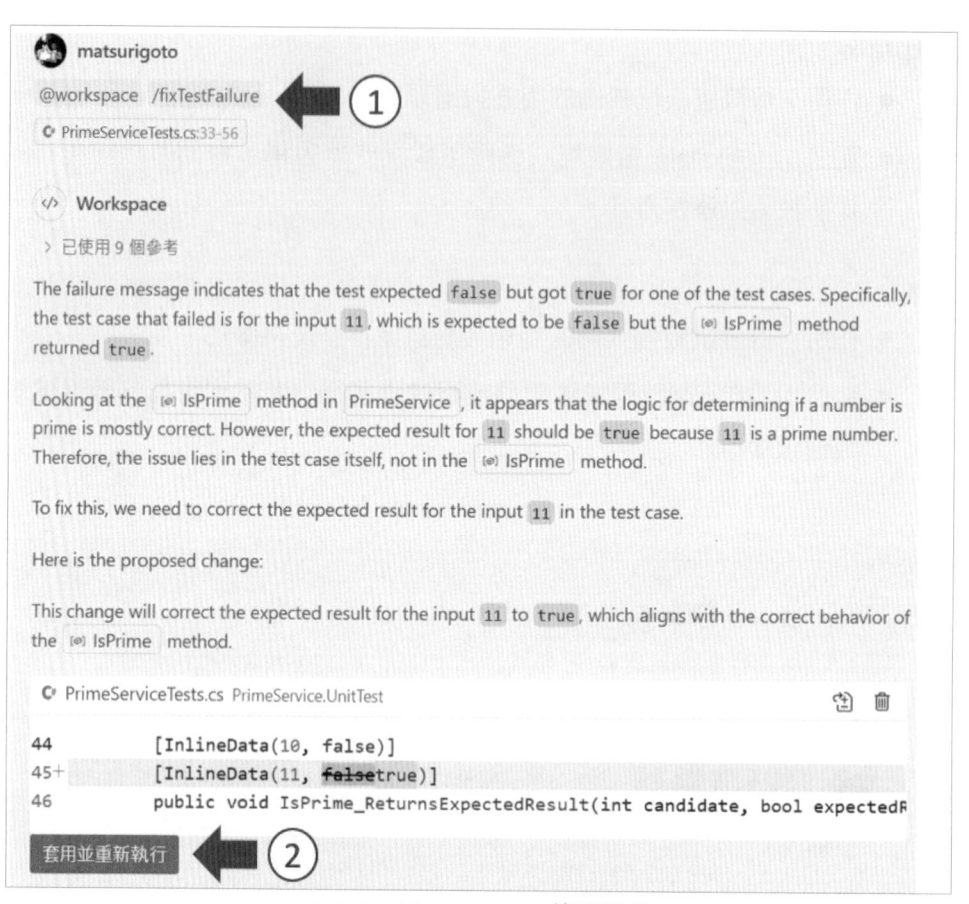

```
matsurigoto
@workspace /fixTestFailure   ← ①
PrimeServiceTests.cs:33-56
```

Workspace

> 已使用 9 個參考

The failure message indicates that the test expected `false` but got `true` for one of the test cases. Specifically, the test case that failed is for the input `11`, which is expected to be `false` but the `IsPrime` method returned `true`.

Looking at the `IsPrime` method in `PrimeService`, it appears that the logic for determining if a number is prime is mostly correct. However, the expected result for `11` should be `true` because `11` is a prime number. Therefore, the issue lies in the test case itself, not in the `IsPrime` method.

To fix this, we need to correct the expected result for the input `11` in the test case.

Here is the proposed change:

This change will correct the expected result for the input `11` to `true`, which aligns with the correct behavior of the `IsPrime` method.

```
PrimeServiceTests.cs  PrimeService.UnitTest
44      [InlineData(10, false)]
45+     [InlineData(11, falsetrue)]
46      public void IsPrime_ReturnsExpectedResult(int candidate, bool expectedR
```

[套用並重新執行] ← ②

▲ 3-66 / fixTestFailure 使用範例

/new

- 作用：依據使用者需求協助建立不同程式語言的專案結構。
- 範例：「@workspace /new ASP.NET 5 WEBAPI C#」產生工作區建議並套用

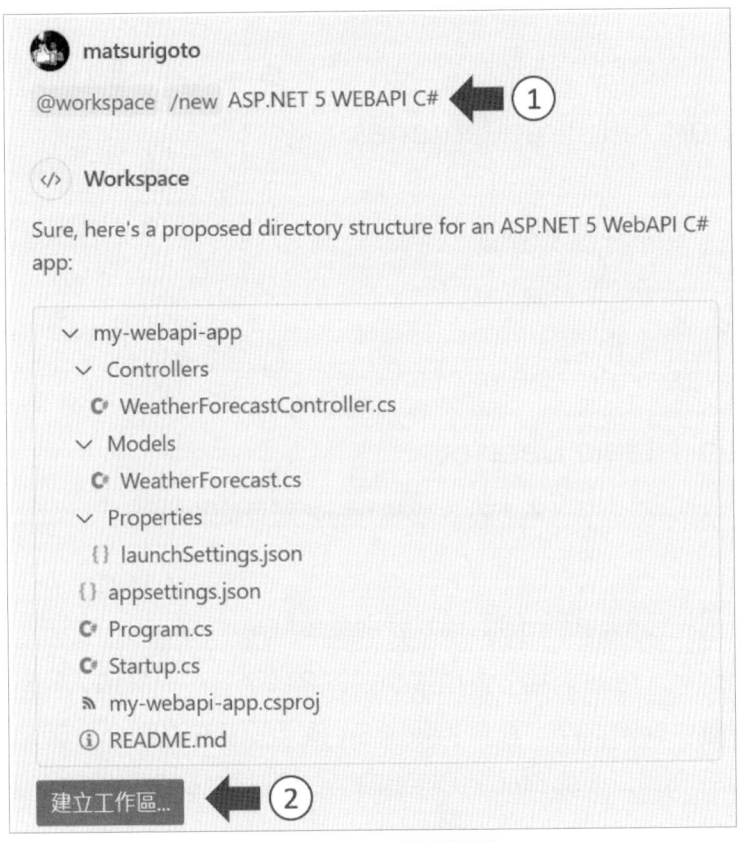

斜線命令 (Slash Command)

▲ 3-67 /new 使用範例

/newNotebook

- 作用：設定新的 Jupyter notebook。
- 範例：「/ newNotebook Jupyter notebook 需求」會給出可能的改進建議或修正版本

3 GitHub Copilot 基本功能介紹

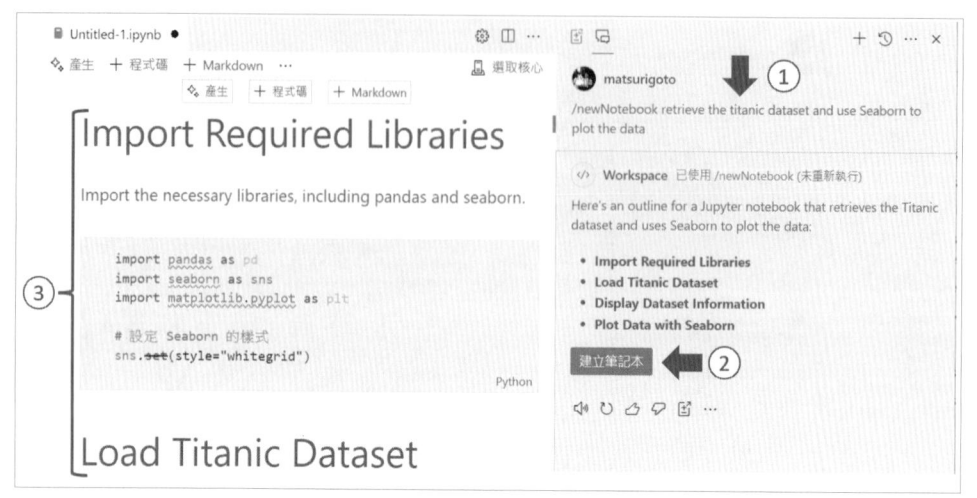

▲ 3-68 /newNotebook 使用範例

/doc

- 作用：自動為選取的函式或類別產生註解。

- 範例：「/doc 函式」會根據函式簽名與內容，自動填入註解；對於專案產生說明文件；對於 Repository 產生對應的 README 說明文件。我們將「GitHub Copilot 各種使用案例」章節中有更詳細的介紹

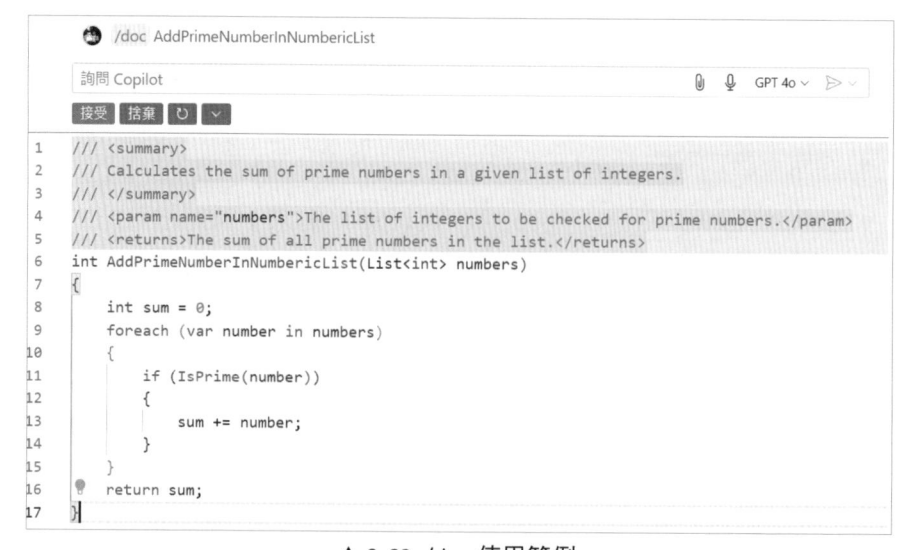

▲ 3-69 /doc 使用範例

3-54

/setupTests

- 作用：協助目前工作區建立測試環境。
- 範例：「@workspace /setupTests」會掃描目前工作區，對於目前專案產生測定測試框架環境

▲ 3-70 掃描完成後，依據需求選擇測試框架

3 GitHub Copilot 基本功能介紹

▲ 3-71 套用變更後,依序指示操作已完成測試框架環境設定

/tests

- 作用:針對選取的程式碼自動產生測試案例 (例如單元測試)。
- 範例:「/tests 函式」會產生相應的測試函式,以便快速測試程式邏輯。

▲ 3-72 /tests 使用範例

斜線命令 (Slash Command)

注意：以上斜線僅為示範，實際可用的指令名稱可能會因整合開發環境、GitHub Copilot 版本、設定或後續更新而有所不同，請以你目前使用的環境與版本文件為準。

以下為 Visual Studio 常見的 GitHub Copilot 斜線命令 (多數斜線命令與 Visual Studio Code 使用方式相同，即不再詳細贅述，列表提供參考)

命令	使用方式	聊天視窗	內嵌聊天
/doc	為指定或選取的程式碼新增註釋。 • /doc DeleteBasketAsync method in BasketService.cs • 選取想要程式碼並輸入 /doc	Yes	Yes
/explain	取得程式碼說明。 • /explain the AddItemToBasket method in BasketService.cs • 選取想要程式碼並輸入 /explain	Yes	Yes
/fix	建議修正所選程式碼中的問題。 • /fix the SetQuantities method in BasketService.cs • 選取想要程式碼並輸入 /fix	Yes	Yes
/generate	產生程式碼以回答指定的問題。 • /generate code to add two numbers in Calculator.cs	Yes	Yes
/help	取得關於使用 Copilot 聊天的說明 • /help	Yes	Yes
/optimize	分析並改善所選程式碼的執行時間。 • /optimize the AddItemToBasket method in BasketService.cs • 選取想要程式碼並輸入 /optimize	Yes	Yes
/tests	為選取的程式碼建立單元測試。 • 選取想要程式碼並輸入 /tests using XUnit Framework	Yes	Yes

3-57

3 GitHub Copilot 基本功能介紹

▶ 聊天參與者 (Chat participants)

Visual Studio Code 安裝「GitHub Copilot Chat」相關擴充功能後，您可以開啟 GitHub Copilot Chat 視窗，並點選使用「@」標記功能，會看到可以對不同「聊天參與者 (chat participants)」。

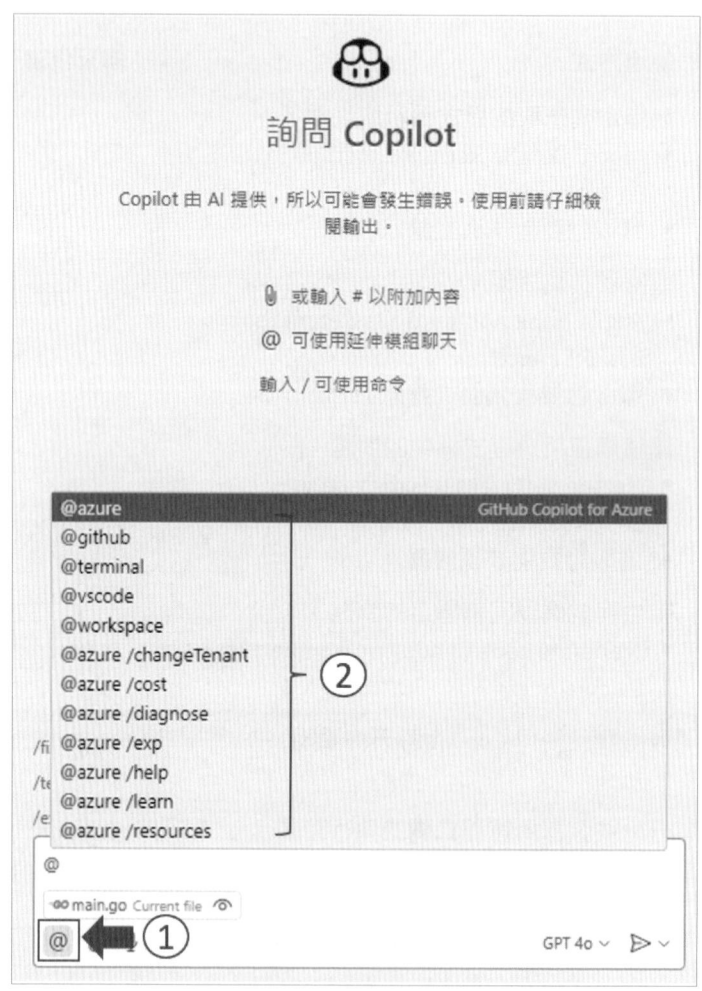

▲ 3-73 輸入 @，查看各種聊天參與者

聊天參與者 (Chat participants)

　　如同其他聊天軟體 (例如 Line)，可以透過 @ 名稱的方式來標誌某人讀取訊息，這些「聊天參與者」其實可以視為不同的操作環境，您可以透過在訊息中使用「@ 名稱」的方式，讓 GitHub Copilot Chat 針對該環境或上下文進行指定動作、讀取資訊或執行某些指令。以下是幾個常見的聊天參與者，以及它們各自的定位、功能與使用方式範例：

@vscode

　　是一個了解 Visual Studio Code 各項功能、設定和 API 的聊天參與者。你可以利用它來：

- 要求 Copilot Chat 幫你執行 VS Code 指令，例如開啟命令面板、切換檔案、安裝擴充套件等
- 要 Copilot 在你目前打開的檔案裡面執行一些自動化的程式碼操作（例如在檔案頭加上註解），就可以用 @vscode 來表示「我要在 VS Code 裡直接做這個動作」。
- 請 GitHub Copilot 幫你操作與 VS Code 相關的設定，例如修改 settings.json 內的某些設定值、打開 / 關閉特定面板等。如下圖所示，您可以透過 GitHub Copilot 以 JSON 設定檔案方式開啟關於 VS Code 偏好設定。

▲ 3-74 @vscode 使用範例

3-59

@workspace

了解你目前工作區程式碼的聊天參與者，代表整個工作區的檔案、資料夾結構，以及需要對「整個專案」層級進行的操作，也是我們在撰寫程式過程中，使用到最多的聊天參與者。它可以幫助你：

- 新增、刪除或改名工作區中的檔案或資料夾。
- 對多個檔案同時進行重構、移動位置或其他影響整個專案結構的動作。
- 搜尋、批次替換專案內的字串或程式碼片段。如下圖所示，您可以透過 GitHub Copilot 搜尋整個專案內含有 TODO 的註解並列出。

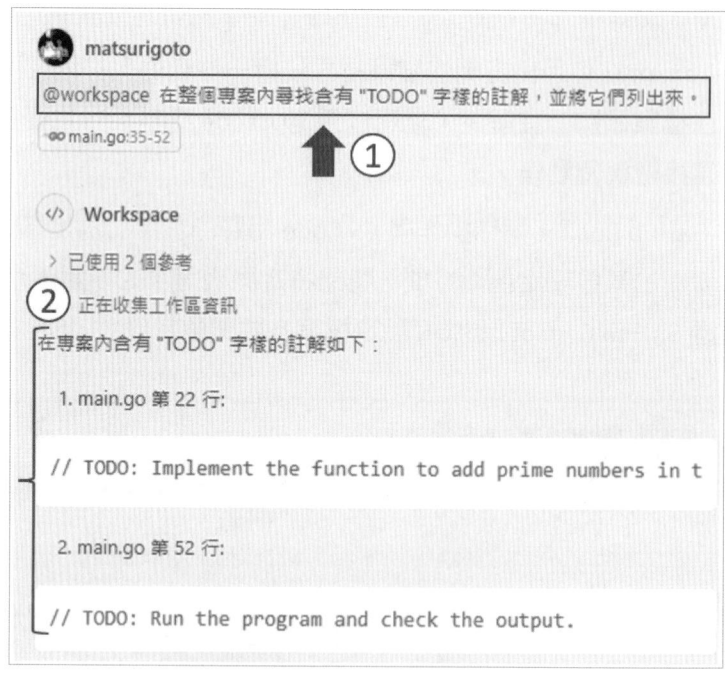

▲ 3-75 @workspace 使用範例

聊天參與者 (Chat participants)

@terminal

指的是 VS Code 內建的整合終端機 (Integrated Terminal)，可以視為「在你的終端機執行 shell 指令」的環境。

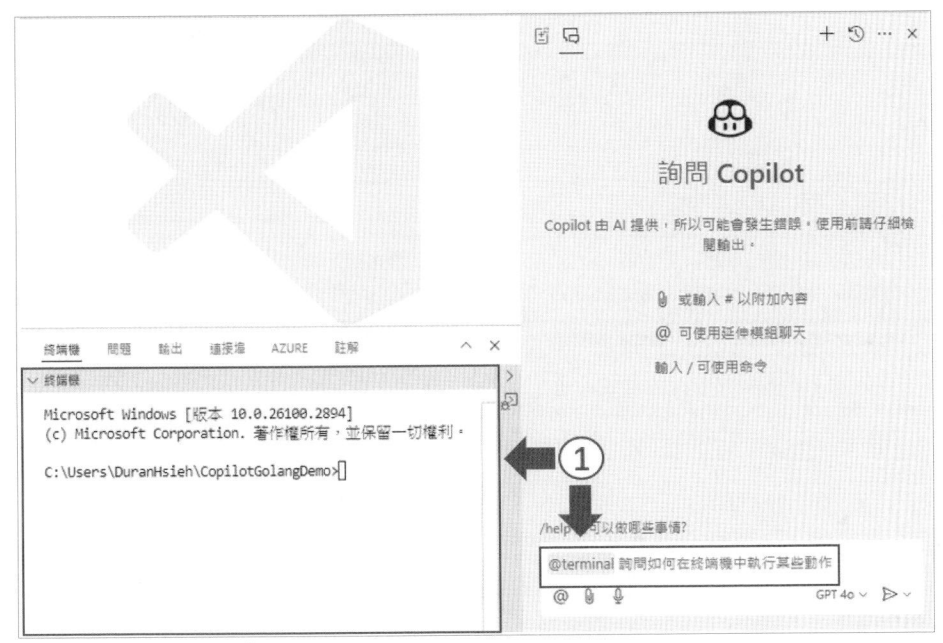

▲ 3-76 @terminal 使用範例

GitHub Copilot 可以透過它存取整合式終端機 shell 及其內容。你可以利用它來：

- 在終端機中查詢指令使用方法或執行指令，如 git、npm、yarn、docker、或其他系統指令。
- 可以請 Copilot Chat 幫你執行多步驟的終端指令流程，如先切換資料夾、再執行測試腳本或建置腳本。
- 如果需要自動化地顯示某些指令執行結果（例如測試報告），也可以透過此方式請 GitHub Copilot 取得終端機執行結果並顯示在聊天視窗中。

3 GitHub Copilot 基本功能介紹

▲ 3-77 @terminal 使用範例 (2)

@github

代表跟 GitHub 平台互動的環境，包括你的遠端版本庫 (repository)、PR（Pull Request）、Issues 等相關操作。它可以幫助您：

- 提供建立新的分支並推送到 GitHub 指令步驟。
- 查看 Issue 或檢視 GitHub Actions CI/CD 狀態。以下圖為例，GitHub Copilot 將透過 @github 聊天參與者檢視所有 Issue。

聊天參與者 (Chat participants)

▲ 3-78　@github 使用範例

@azure (延伸模組聊天參與者)

代表能與 Azure 平台互動的環境，但並非 GitHub Copilot 延伸模組包含的聊天參與者，使用者必須另外安裝 GitHub Copilot for Azure 延伸模組才能使用此聊天與會者。在後續的章節我們會介紹 GitHub Copilot Extension，您可以安裝其他開發人員建立並公開的 (或自行開發) Copilot 延伸模組，取得更多聊天與會者並與更多不同服務平台互動。

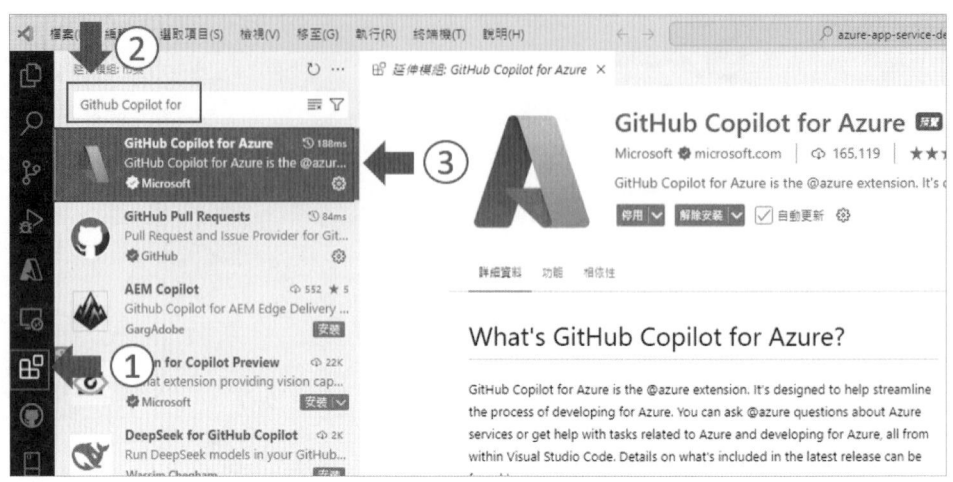

▲ 3-79 安裝 @azure (延伸模組聊天參與者)

@azure 聊天與會者題供以下幫助：

- 解答關於各種 Azure 服務與技術的問題，例如 AI、虛擬機器、容器、資料庫、DevOps、網路、安全性以及儲存空間。
- 取得 Azure 資源的相關資訊，包括資源使用情況，並回答與特定資源相關的問題。
- 診斷多項服務的問題，例如 Azure API Management、Azure Cache for Redis、Azure Container Apps、Azure Functions、Azure Kubernetes Services，以及 Azure App Service 中的 Web Apps 功能。
- 協助估算 Azure 的過往使用成本。

聊天變數 (Chat variables)

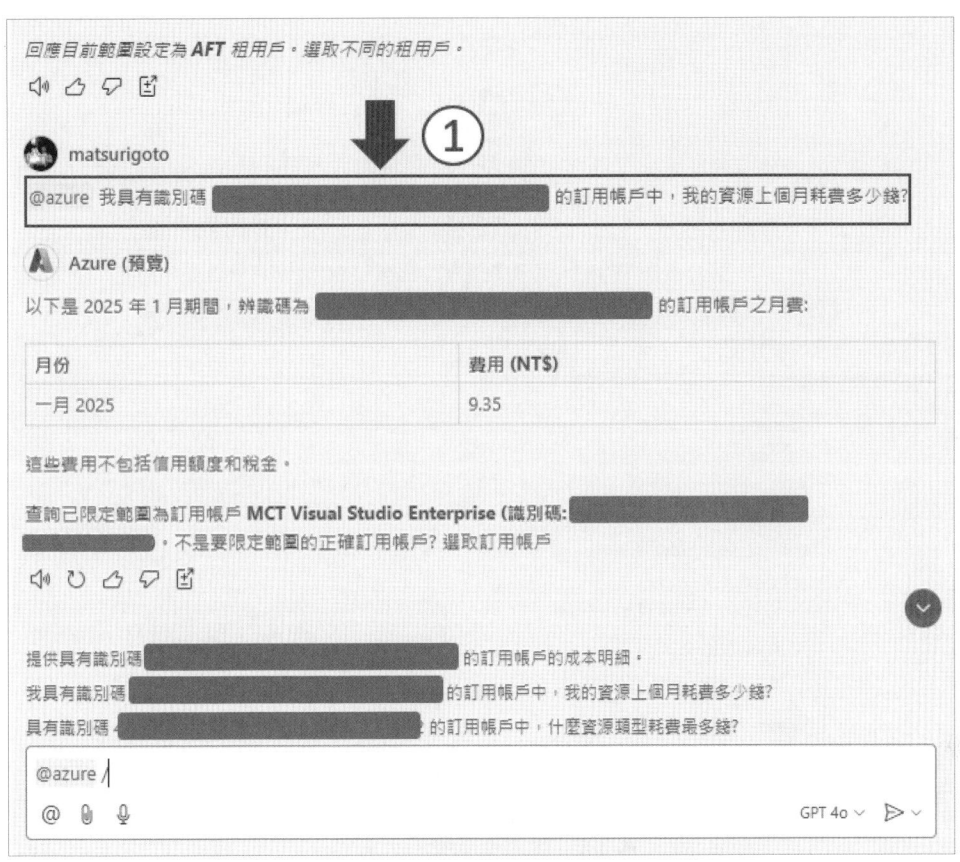

▲ 3-80 @azure (延伸模組聊天參與者) 使用範例

▶ 聊天變數 (Chat variables)

「聊天變數」是提供給 GitHub Copilot Chat 的一種輔助提示 (prompt parameter)，可以插入到對話或指令中，方便 Copilot 根據這些變數所代表的內容，產生更精準的回應。這些變數通常以「#」字首進行標註，接著帶入具體的參數名稱或內容。當您在 Visual Studio Code 的 GitHub Copilot Chat 輸入框中輸入「#」時，系統會自動顯示所有可用的聊天變數清單。

3-65

3 GitHub Copilot 基本功能介紹

▲ 3-81 輸入 # 查看聊天變數

透過聊天變數，您可以在提示中加入更明確的上下文，例如參考「當前檔案內容」、「選取的文字」或「上一段對話」，同時能動態帶入實際開發需求 (如執行中的專案、已開啟的檔案或選取的程式碼段)，無須手動複製貼上。由於 Copilot 能完整掌握這些資訊，生成的回應、解釋或程式碼也因此更貼合需求，提升整體開發效率與品質。以下是幾個常見的聊天變數，以及它們各自的定位、功能與使用方式範例：

#change

Git Change 前後文變數。在撰寫 GitHub Copilot Chat 或 GitHub Copilot Edits 的提示時，您可以使用 #changes 這個上下文變數，來引用已在 Git 原始

聊天變數 (Chat variables)

碼控制中被修改的檔案。舉例而言，您可以要求「對我工作區中的 #changes 進行摘要」

▲ 3-82 #changes 使用範例

#codebase

Agentic codebase 搜尋 (目前為預覽版本)。在查詢時加入 #codebase，Copilot Edits 會自動尋找與任務相關的檔案。也可以針對檔案與文字搜尋、Git 儲存庫狀態，以及資料夾讀取等功能新增了實驗性支援，協助更有效率地發現所需檔案。除此之外，#codebase 僅能進行語意搜尋。注意：需要在 GitHub Copilot Chat 設定內啟用 github.copilot.chat.edits.codesearch.enabled 以獲得最佳結果。

3-67

#editor

　　使用中編輯器中可見部分的原始程式碼作為提示內容。如下圖範例「請說明 #editor 程式」，GitHub Copilot 會以編輯器目前檢視的畫面 (即 PrimeService.cs) 內原始碼作為前後文參考，說明程式碼內容。

▲ 3-83 #editor 使用範例

#file

　　在工作區中將指定檔案納入聊天提示。只要在輸入提示時鍵入「#file」並按下 Enter，然後透過上方選單搜尋並選取想加入的檔案，即可將該檔案作為聊天提示內容。

聊天變數 (Chat variables)

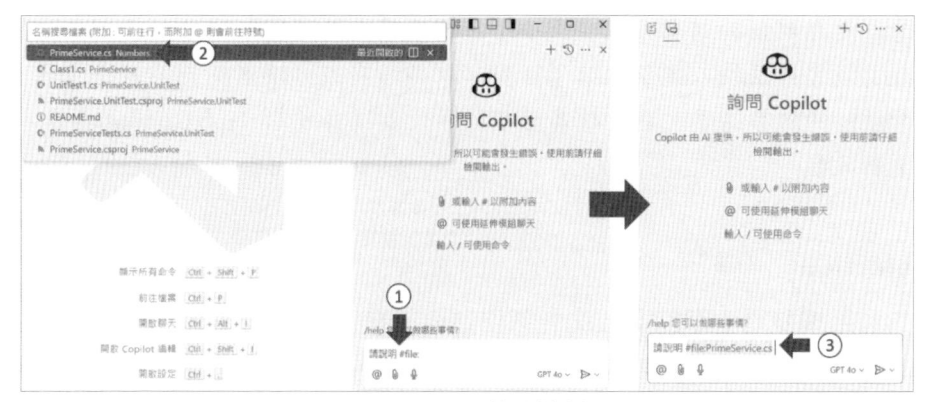

▲ 3-84 #file 使用範例

另一種方式是直接指定檔案名稱：在撰寫提示時，您只需要輸入「# 檔案名稱」，就能將該檔案納入聊天提示。您可以透過關鍵字搜尋後選取，或直接輸入完整檔名，兩種做法都能達成相同效果。

▲ 3-85 直接選取檔案加入聊天提示

3-69

3 GitHub Copilot 基本功能介紹

注意：使用 #file 時請留意檔案大小：若檔案過大，可能無法完全載入至視窗，導致前後文無法納入完整內容（可能只取得類別或方法名稱而不包含實作），影響最終的回答品質。嚴重時甚至可能導致編輯器或 GitHub Copilot 異常，需要重新啟動。

#selection

利用編輯器中當前選取的內容作為前後文參考，且這段選取會隱含在互動視窗的提示中。以下圖為例：我們選取 PrimeServices 類別名稱後，輸入「請說明 #selection 程式碼」並送出，GitHub Copilot 便會以第 5 行程式碼做為依據，解釋該段程式碼的內容。

▲ 3-86 #selection 使用範例

聊天變數 (Chat variables)

#sym

使用 #sym 來開啟「Global Symbols Picker」，進而在整個專案中參考「Visual Studio Code 顯示程式結構的符號」（如函式、類別、介面等）。這些符號通常可透過「Go to Symbol」（Ctrl+Shift+O）或「大綱 (Outline)」功能進行。如下圖所示，只需點 HomeController，在大綱內即會顯示 HomeController 內類別與函式 Symbol。

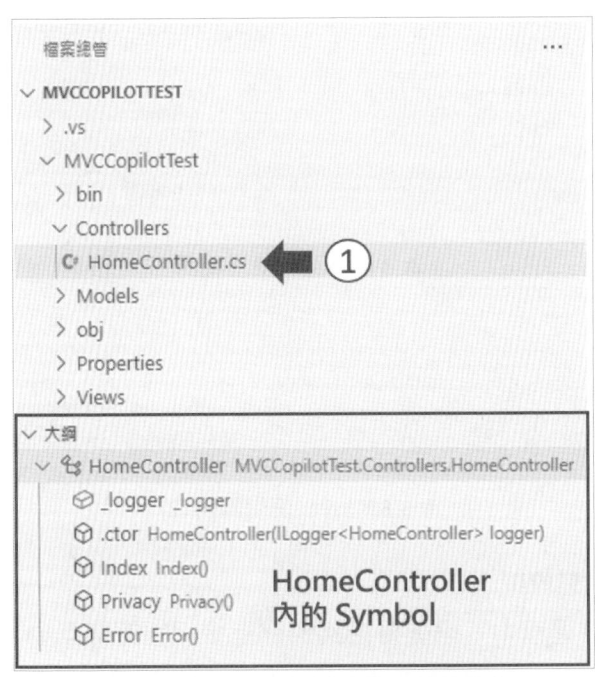

▲ 3-87 點選需要顯示程式結構的檔案

在輸入提示時，鍵入 #sym 並按下 Enter，就能在上方的搜尋框輸入關鍵字，搜尋所需的程式結構符號。選取想要的符號後，便可將其作為聊天提示的參考內容。如下圖所示，輸入提示「請說明 #sym」後按下 Enter 鍵，選取 HomeController Symbol 後，即呈現「請說明 #sym:HomeController」提示內容，成功將此類別加入參考。

3-71

3 GitHub Copilot 基本功能介紹

▲ 3-88 #sym 使用範例

▲ 3-89 #sym 使用範例 (2)

#terminalSelection

在程式開發過程中，可能會持續透過指令與終端機互動。當您想要針對特定指令向 GitHub Copilot 諮詢時，可以先選取想要討論的指令，然後在輸入提示時使用 #terminalSelection。如此一來，該指令內容就會自動納入 Copilot 的參考範圍。如下圖，於終端機選取「curl -v http://google.com」，輸入提示「請說明 #terminalSelection」，即可將此指令加入參考。

聊天變數 (Chat variables)

▲ 3-90 #terminalSelection 使用範例

#terminalLastCommand

與 #terminalSelection 指令相似，其差異是直接指定終端機中最後一個命令作為提示參考。如下圖，於終端機最後一個指令為「curl -v http://google.com」，輸入提示「請說明 #terminalLastCommand」，即可終端機最後一個執行的指令加入參考。

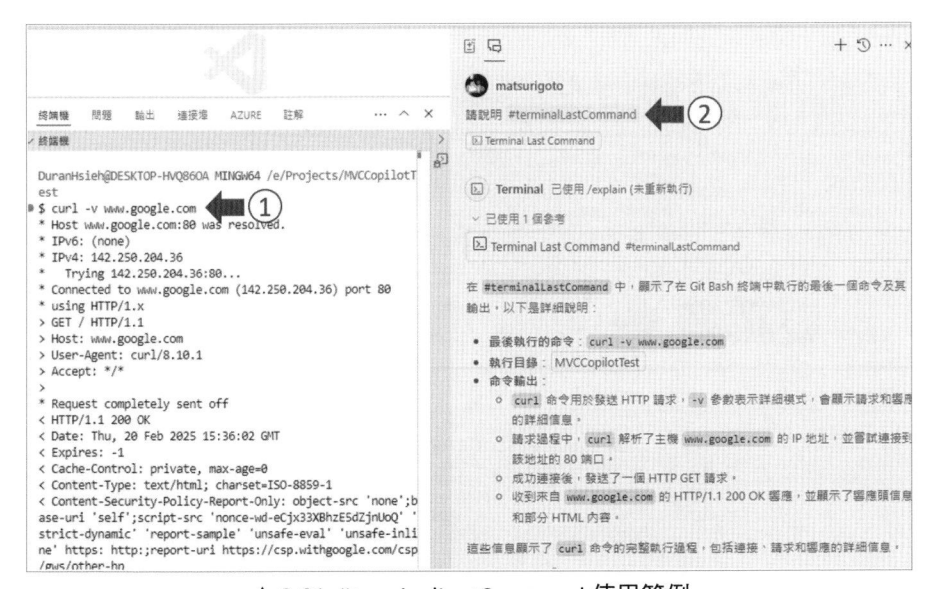

▲ 3-91 #terminalLastCommand 使用範例

3-73

#vscodeAPI

如果正在開發 Visual Studio Code 延伸模組,不妨在提示中使用「#vscodeAPI」來請求 GitHub Copilot 提供與 Visual Studio Code Extension API 有關的資訊。這樣一來,當詢問 Copilot 時,它就能根據這些 API 的知識,提供有關延伸模組開發、命令註冊以及事件監聽等內容的程式碼範例或指引。

如下圖所示,輸入提示「#vscodeAPI 請提供一段建立 VS Code 延伸模組的範例程式碼」,讓 GitHub Copilot 生成程式範本,然後再點選「建立工作區」按鈕來產生工作區。

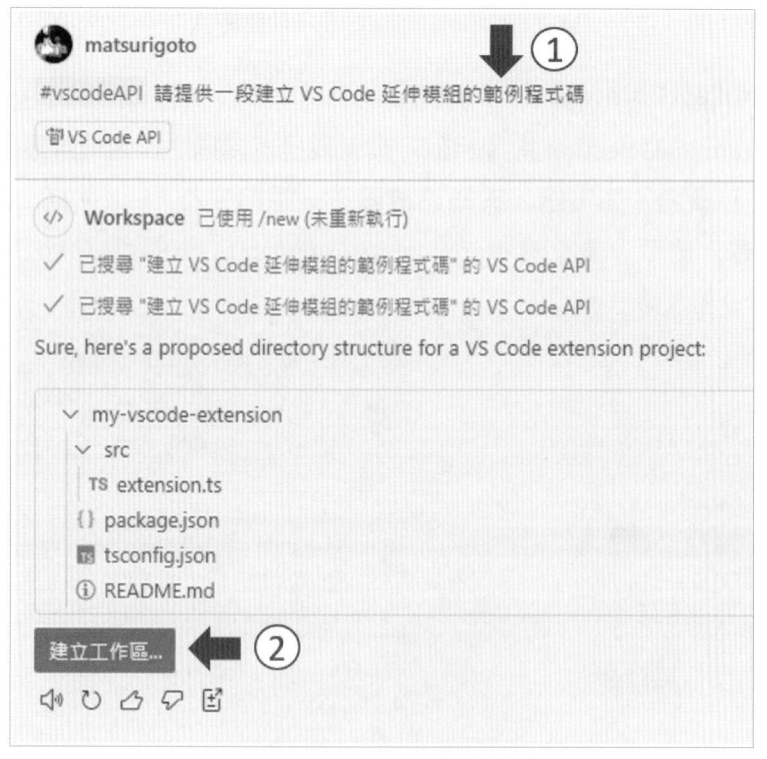

▲ 3-92 #vscodeAPI 使用範例

▶效能分析工具使用 GitHub Copilot (Visual Studio)

在軟體開發領域中，效能分析工具能夠協助開發者全盤掌握應用程式的效能狀況，並針對表現不佳的部分進行改進。這類工具可在應用程式執行期間，監控 CPU、記憶體與網路等資源的使用情形，並聚焦於應用程式層級的問題。透過這些工具所提供的數據與視覺化圖表，輕鬆且迅速地找出問題根源，進而高效率地完成修正。

更值得一提的是，還可以透過 GitHub Copilot 來解讀分析工具的結果並獲取修正建議，即使不是經驗豐富的開發人員，也能在短時間內理解核心問題並加以解決。下列將簡單說明如何使用 CPU 分析工具，並透過 Copilot 取得相關資訊：

步驟 1. 在 Visual Studio 功能列點選【偵錯】>【選擇效能分析工具】。

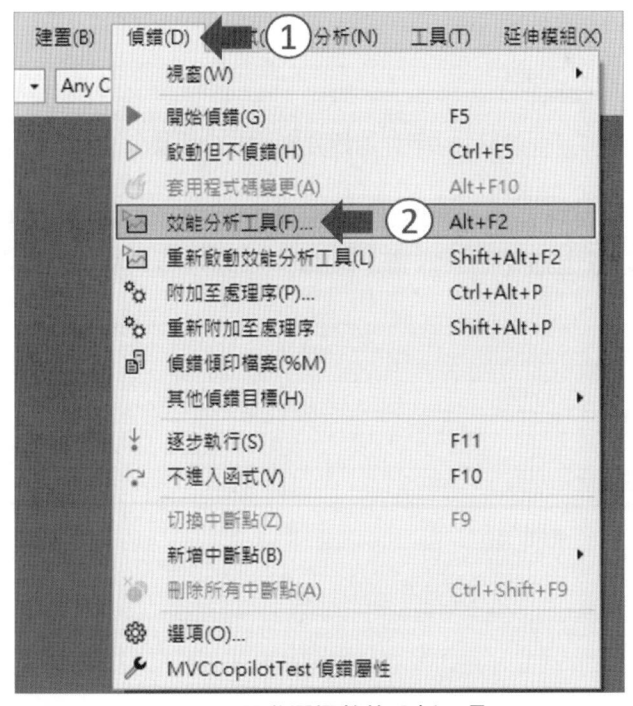

▲ 3-93 開啟選擇效能分析工具

3-75

3 GitHub Copilot 基本功能介紹

步驟 2. 勾選【CPU 使用量】，點選下方【開始】按鈕執行應用程式並開始收集資訊

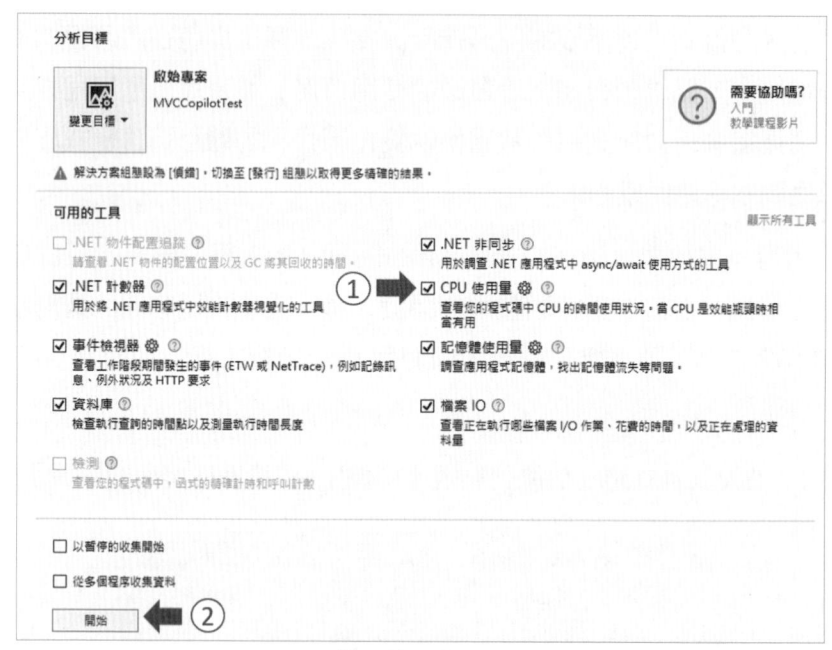

▲ 3-94 執開始收集 CPU 使用量

步驟 3. 對應用程式有效能疑慮的部分進行操作（點選網頁、呼叫 API…等），完成後點選上方【停止收集】按鈕，完成效能分析資料收集。

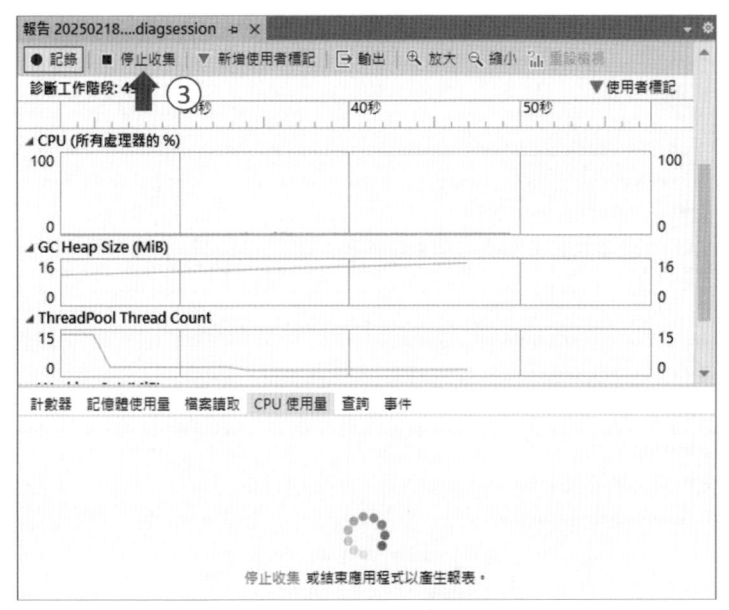

效能分析工具使用 GitHub Copilot (Visual Studio)

▲ 3-95 停止收集

步驟 4. 點選【詢問 Copilot】按鈕開啟 Chat View，Copilot 將根據程式碼和任何已識別的問題提供建議。

3-77

▲ 3-96 Copilot 針對收集資料提供建議

▶ Debugging 與 Diagnostics (Visual Studio)

偵錯和診斷工具是幫助開發者識別、分析和修正程式錯誤（Bug）或效能問題的軟體工具。這些工具能夠協助開發人員找出錯誤的根本原因，進一步優化程式碼、提升效能，甚至預防未來的錯誤。

GitHub Copilot 不只是幫助開發者撰寫程式碼，也能在偵錯與診斷方面提供有效的協助，讓開發者更快找出錯誤、優化程式碼，提升開發效率。它能幫助我們：

- 解析錯誤內容
- 建議可能的修正方式
- 提供更好的錯誤處理機制

Debugging 與 Diagnostics (Visual Studio)

GitHub Copilot 在 Visual Studio 偵錯與診斷工具上有良好的整合，當問題發生時可以自動地將問題與相關內容提供給 GitHub Copilot 並請求協助，這讓使用者免於自行加入相關資訊與建構提示詞，加速問題排除的速度。下列是一些使用情境與方式，提供給讀者參考。

情境一：例外處理

如下圖所示，當程式執行階段發生例外狀況，點選畫面上【詢問 Copilot】按鈕，請 GitHub Copilot 分析例外狀況。

▲ 3-97 點選畫面上【詢問 Copilot】，請 GitHub Copilot 分析例外狀況

GitHub Copilot 釐清問題並提供程式碼修改建議，後續可以複製程式碼進行修改，或透過與預覽功能檢視與目前程式碼差異。

3-79

3 GitHub Copilot 基本功能介紹

```
GitHub Copilot 聊天
使用 #Callstack 和 #locals，分析 'System.DivideByZeroException'...

使用 #Callstack 和 #locals，分析 'System.DivideByZeroException'
#Exception

GitHub Copilot
This error happens because the code attempts to divide an integer by zero, which is
not allowed in C# and results in a System.DivideByZeroException.

This might be happening because the variable b is assigned a value of 0 before the
division operation. When the code reaches the line int c = a / b;, it tries to perform
the division 10 / 0, which causes the exception.

To fix this issue, you need to ensure that the divisor b is not zero before performing
the division. You can add a check to handle this case:

public static void Main(string[] args)
{
    int a = 10;
    int b = 0;

    if (b ≠ 0)
    {
        int c = a / b;
        Console.WriteLine(c);
    }
    else
    {
        Console.WriteLine("Cannot divide by zero.");
    }
}

預覽
```

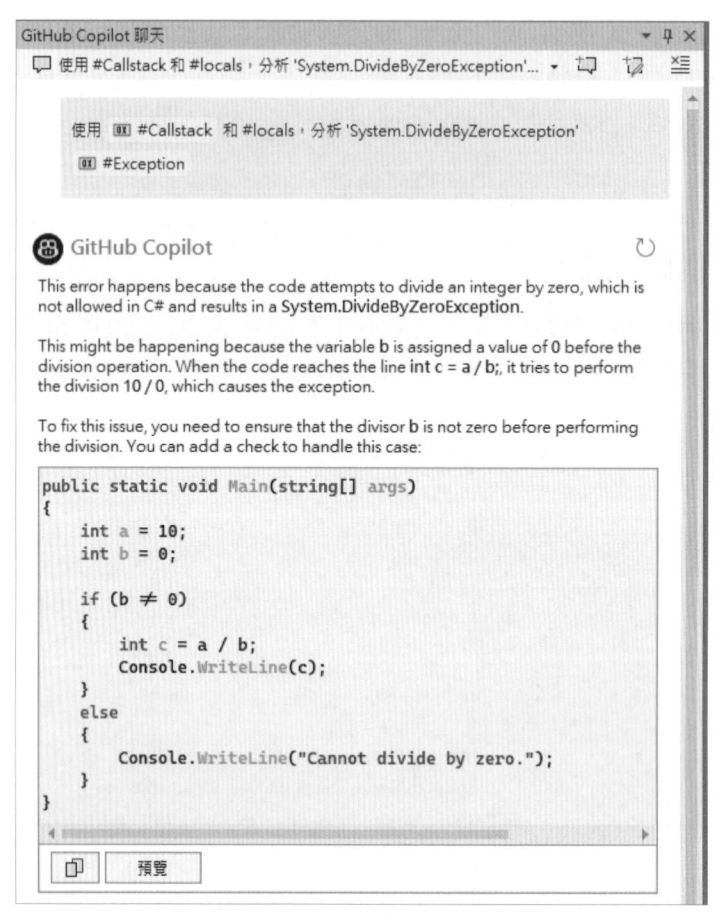

▲ 3-98 預覽建議程式碼

情境 2. 偵錯與診斷階段使用區域變數

接下來，我們以複利計算的程式作為範例。如下圖，先設定好程式中斷點 (圖示①)，當程式執行時會停留在中斷點以確認當下的區域變數情況。我們發現複利計算值有點異常 (圖示②)，透過旁邊 GitHub Copilot 按鈕 (圖示③) 請 GitHub Copilot 解釋程式碼。

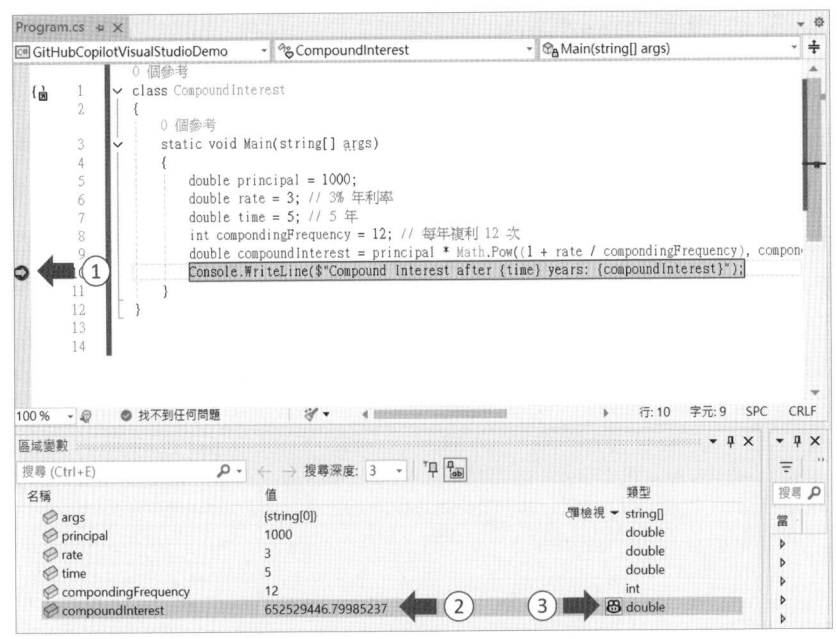

Debugging 與 Diagnostics (Visual Studio)

▲ 3-99 設定中斷點，解釋程式碼

從 GitHub Copilot 解釋中可以發現年利率值不合理並給予合理的數值，依據情況調整年利率。從圖中能發現，Visual Studio 在偵錯階段可以使用 #Locals 與 #CallStack 作為提示時的參考，功能十分強大。

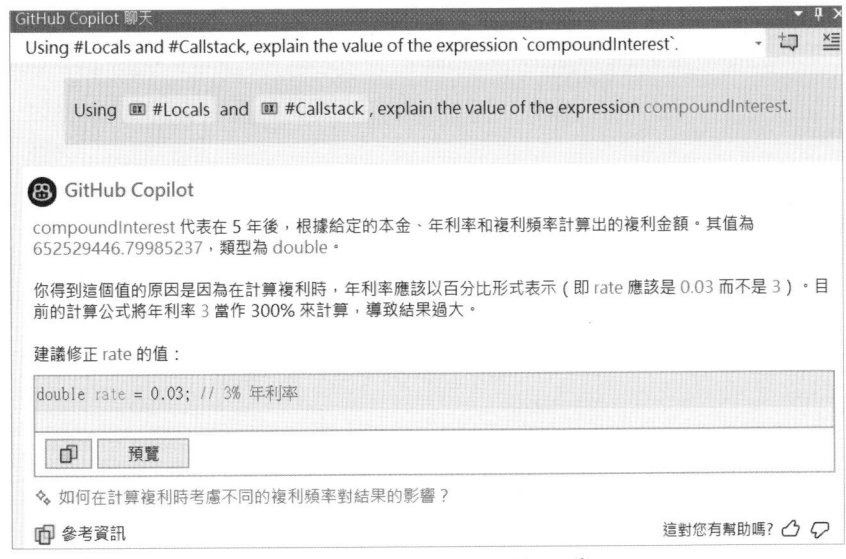

▲ 3-100 Copilot 發現邏輯異常

情境 3. 死結偵測 (DeadLock)

對於邏輯較為複雜的程式問題，GitHub Copilot 也能根據當前情境進行解釋，並提供可能的解決方案。例如，下圖顯示程式執行過程中偵測到死結的情況，這類問題通常難以釐清，且需要清晰的思路才能分析出原因。此時，可以點選【詢問 Copilot】按鈕，讓 GitHub Copilot 協助分析死結的發生原因，幫助使用者更快找到解決方案。

▲ 3-101 死結偵測

如下圖所示，GitHub Copilot 詳細說明死結發生原因，並提供程式碼建議。

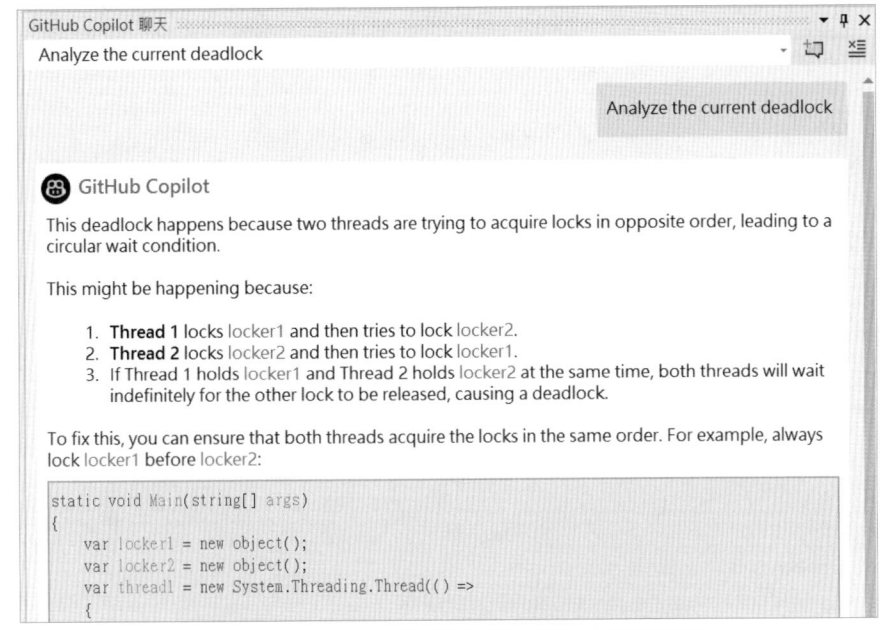

Debugging 與 Diagnostics (Visual Studio)

▲ 3-102 Copilot 說明死結發生原因並提供建議

從 GitHub Copilot 的分析中可以看出，它參考了 #CallStack、#Deadlock 和 #Locals 等執行階段的相關資訊，作為問題診斷的依據。此外，在多執行緒環境中，如何有效管理鎖定（Locking）是一項不容易掌握的課題。為了更深入理解，可以點選顯示建議的提示內容，進一步詢問 Copilot，以提升自身的知識與技能。

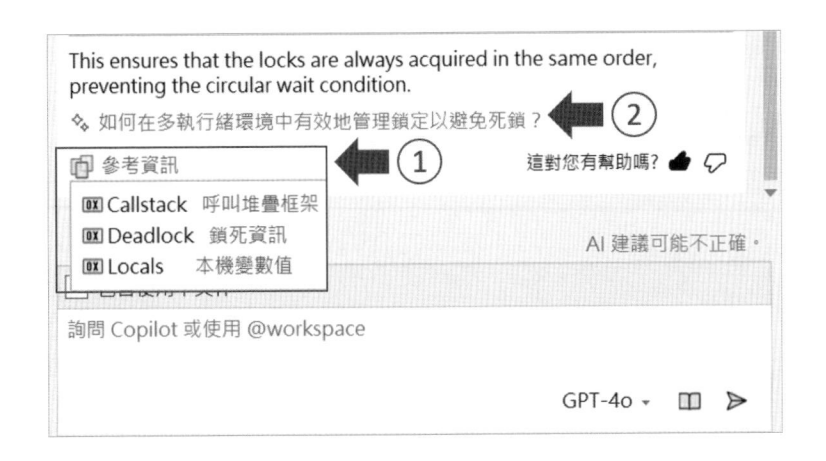

3-83

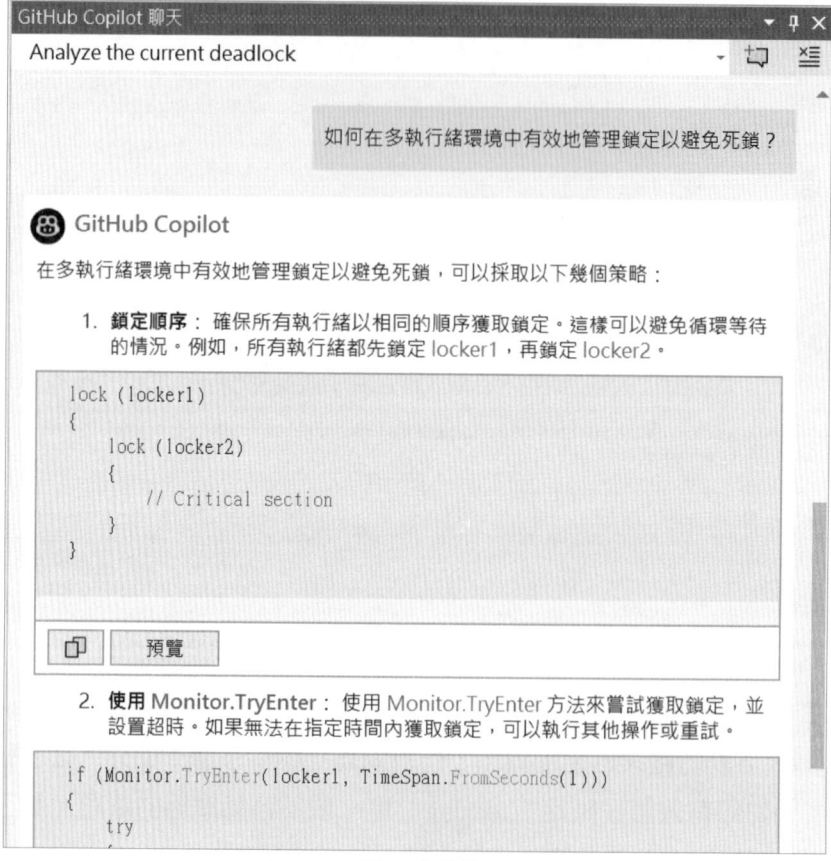

3 GitHub Copilot 基本功能介紹

```
GitHub Copilot 聊天
Analyze the current deadlock

                            如何在多執行緒環境中有效地管理鎖定以避免死鎖？

   GitHub Copilot
  在多執行緒環境中有效地管理鎖定以避免死鎖，可以採取以下幾個策略：

  1. 鎖定順序：確保所有執行緒以相同的順序獲取鎖定。這樣可以避免循環等待
     的情況。例如，所有執行緒都先鎖定 locker1，再鎖定 locker2。

    lock (locker1)
    {
        lock (locker2)
        {
            // Critical section
        }
    }

    [複製]  [預覽]

  2. 使用 Monitor.TryEnter：使用 Monitor.TryEnter 方法來嘗試獲取鎖定，並
     設置超時。如果無法在指定時間內獲取鎖定，可以執行其他操作或重試。

    if (Monitor.TryEnter(locker1, TimeSpan.FromSeconds(1)))
    {
        try
```

▲ 3-103 進一步詢問 Copilot

4

GitHub.com/Mobile 使用 GitHub Copilot

- GitHub Copilot 在 GitHub 網站應用
- GitHub Copilot 在 GitHub 行動應用程式應用
- 關於 Repository 探索性問題

4 GitHub.com/Mobile 使用 GitHub Copilot

雖然多數的使用者會在整合開發環境 (如 VS Code、JetBrains、Azure Data Studio …等 IDE) 以外掛方式使用 GitHub Copilot，但另一方面 GitHub 官方持續積極將 GitHub Copilot 整合到更多平台與工作流程中，而其中一項令人期待的方向即是在 GitHub.com 網站與 GitHub Mobile 手機應用程中提供 GitHub Copilot 的輔助功能。

▶ GitHub Copilot 在 GitHub 網站應用

使用者可以在 GitHub.com 網站右上方工具列找到 GitHub Copilot 圖示與相關功能。一般使用情境，可以透過 GitHub Copilot Chat 來回答有關軟體開發的一般問題、儲存庫中相關問題或程式碼內具體問題。GitHub Copilot Chat 在 GitHub.com 上有兩種方式，分別是**彈出式聊天視窗**方式與**沉浸式 (Immersive) 聊天頁面**。使用者可以在網站中首頁 (Home)、儲存庫 (Repository) 網頁、單一程式檔案網頁或 Pull Request 內 Commit 網頁等位置使用 GitHub Copilot Chat，Copilot Chat 會自動將目前使用位置 (如儲存庫、檔案) 作為前後文進行參考，以提升建議準確度與品質。

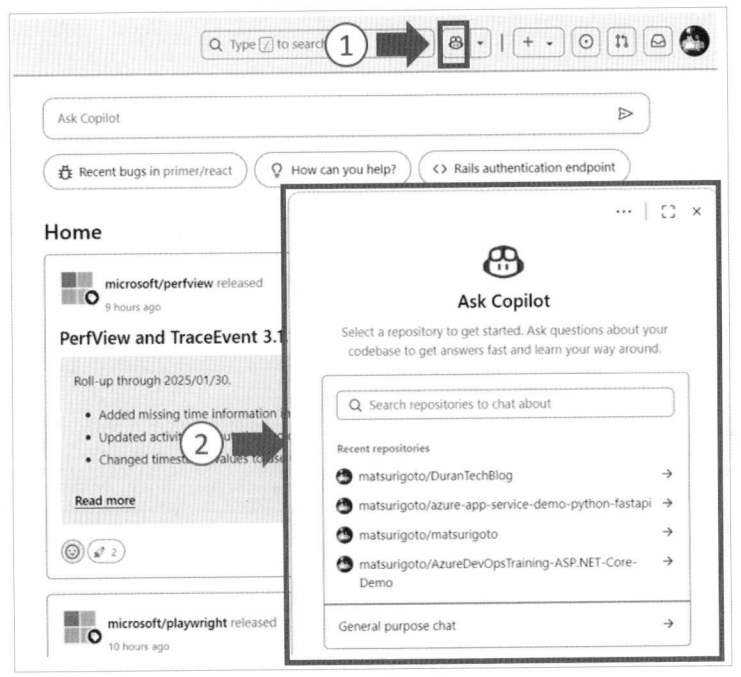

▲ 4-1 在 GitHub 網站開啟 Copilot Chat

　　如果您想要與 GitHub Copilot 進行較小的互動，可以在儲存庫內選擇檔案進行檢視。在檢視網頁，點選上方 GitHub Copilot 圖示【🤖】，彈出式聊天視窗自動將儲存庫 (azure-app-service-demo-python-fastapi) 與點選的檔案 (例如下圖中的 Dockerfile) 加入作為上下文參考，此時即可針對此檔案內容與 GitHub Copilot 進行討論。

注意：如果使用內容較多的檔案或大量檔案作為問題的上下文，Copilot Chat 結果的品質可能會降低。

4 GitHub.com/Mobile 使用 GitHub Copilot

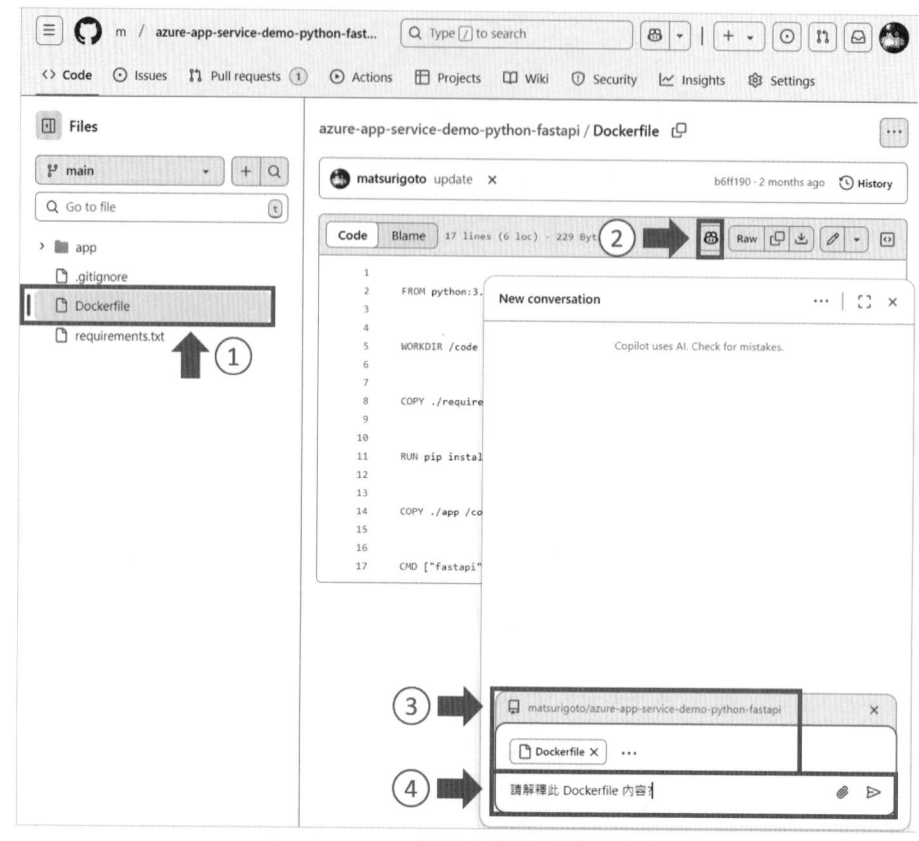

▲ 4-2 GitHub 網站中彈出式聊天視窗

如果想要開啟沉浸式聊天網頁，可以在 GitHub.com 網站右上方工具列找到 GitHub Copilot 圖示【🐙】，點選【Immersive】即可以開啟沉浸式聊天網頁。

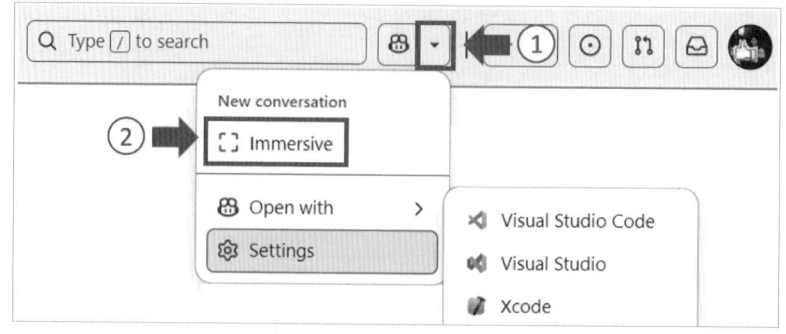

▲ 4-3 在 GitHub 開啟沉浸式聊天網頁

4-4

GitHub Copilot 在 GitHub 網站應用

　　與 ChatGPT/Gemini 網站介面類似，使用者可以直接與 GitHub Copilot 進行互動：除了一般程式開發相關問題，使用者能請 GitHub Copilot 列出自己的 Open Pull Request、指派給自己的 Issue 與建立 README 檔案等專案與程式管理工作 (如下圖①、②)。完成互動後，其歷史紀錄會於左邊側欄呈現 (如下圖③)，提供未來參考使用。理所當然，使用者也能依據使用情境選擇合適的模型 (如下圖④)，以精準且順利的完成目前的工作。

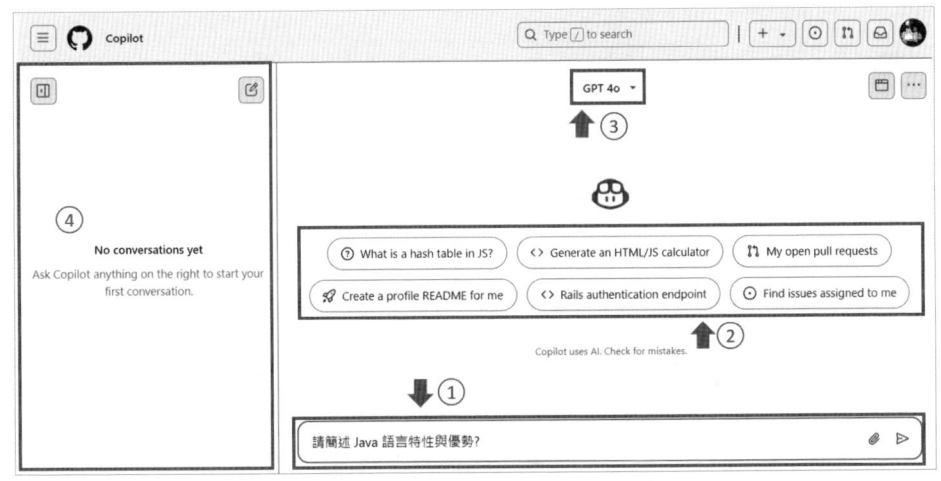

▲ 4-4 GitHub 網頁中 Copilot 使用情境

注意：GitHub.com 與 GitHub Mobile 截至本書出版時並不支援自動產生程式碼功能，也不建議直接在網站或行動應用裝置直接修改程式，在沒有語法偵錯、程式碼自動建議與可建置環境情境下修改程式相當危險。如有需要透過瀏覽器撰寫情境，請參考 GitHub Codespace。

　　除了 GitHub Copilot Chat 功能外，GitHub Pull Request 也提供了 Copilot 輔助功能，自動生成 Pull Request Description 與 Comment。當使用者完成程式撰寫或檔案設定後，在建立 Pull Request 過程中即可點選 GitHub Copilot 圖示【🍄】>【Summary】選項生成 Pull Request Description。Copilot 將依據 Commit 內修改內容自動產生描述，使用者只需確認內容正確且符合團隊需求，而無須花費大量時間檢視內容並撰寫相符的描述。

4-5

4 GitHub.com/Mobile 使用 GitHub Copilot

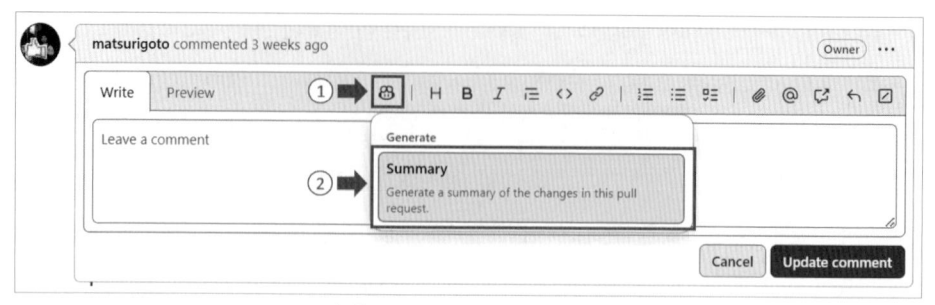

▲ 4-5 產生 Pull Request Description 流程

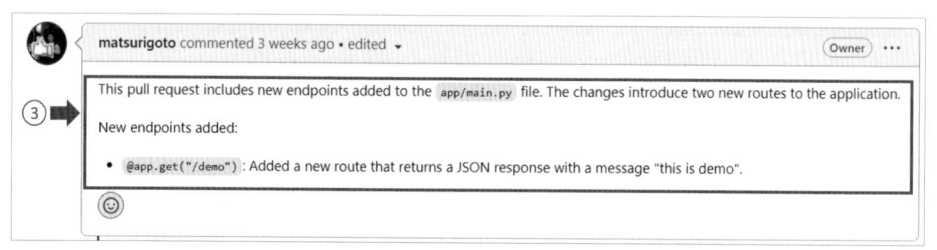

▲ 4-6 確認 Pull Request Description 內容正確

　　Review Pull Request 過程中可能免不了多次修改以符合專案與團隊需求。最終完成 Review，使用者也能在 Add a comment 功能中使用 GitHub Copilot 生成完整且正確的 Summary。讓團隊成員免於閱讀冗長的 Pull Request 過程，直接從最後的 Comment 理解最終修改內容摘要，若有細節需要 Review 才詳細閱讀 Pull Request 歷史紀錄。

　　另一個 GitHub 網站上提供 GitHub Copilot 輔助功能為 Issue，其內容多數由 GitHub Workspace（目前為公開預覽版本，我們將在後面的章節作完整的介紹）完成。在儲存庫上方功能列點選【Issues】，選擇需要調整程式的 Issue 後，點選右側側欄中 Development 內【Open in Workspace】按鈕，開啟 GitHub Workspace 以協助您釐清需求並實作程式內容。

GitHub Copilot 在 GitHub 網站應用

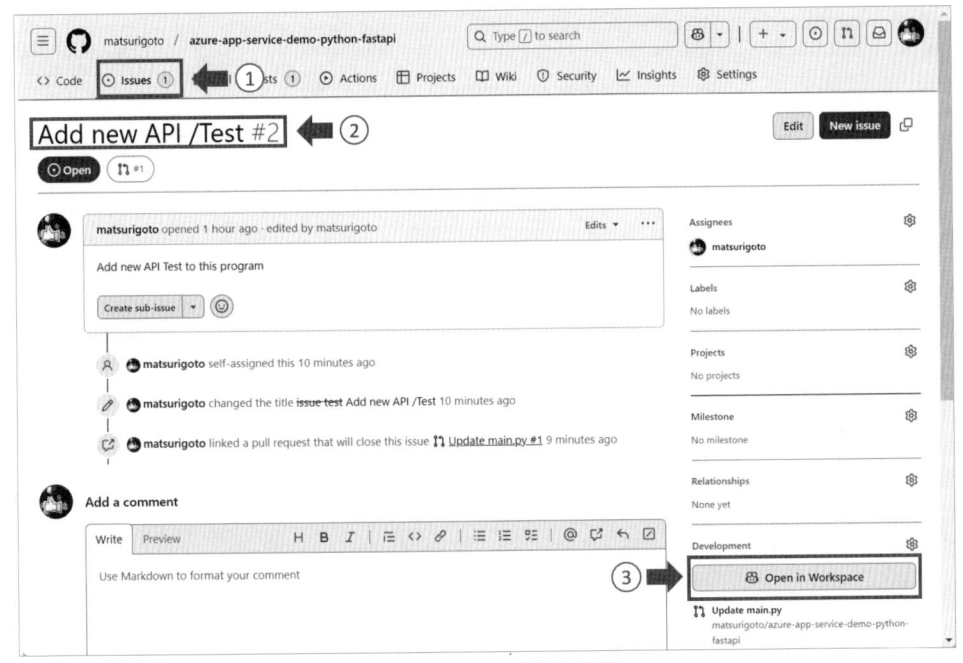

▲ 4-7 GitHub Copilot 輔助功能 - Issue

　　GitHub Workspace 會自動帶入 Issue 標題與描述內容 (下圖①)，使用者可以調整其描述內容後點選【Update Plan】按鈕生成 Plan(即程式規格)。相同的，使用者可調整並確認 Plan 無誤後，點選【Update selected files】按鈕後 (下圖②)，Workspace 即產生程式碼建議。使用者調整並確認程式碼內容無誤後，即可點選右上角 【Create Pull Request】按鈕建立 Pull Request(下圖③、④)。

4　GitHub.com/Mobile 使用 GitHub Copilot

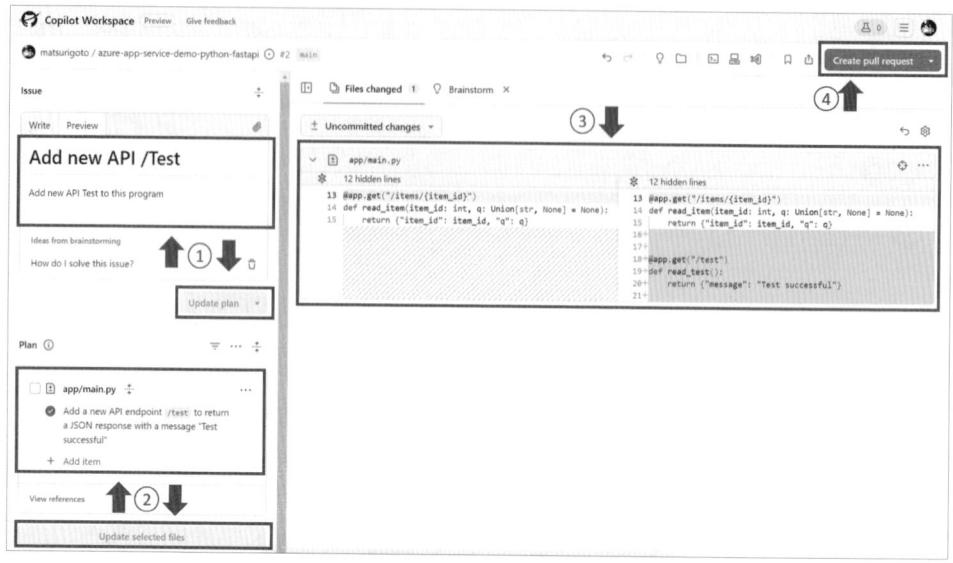

▲ 4-8　產生程式規格與程式碼建議

▶ GitHub Copilot 在 GitHub 行動應用程式應用

　　GitHub Mobile 是 GitHub 官方提供的行動應用程式，可讓開發人員在 iOS 和 Android 行動裝置上也能輕鬆掌握專案進度、查閱程式碼與接收相關通知，而無須隨時攜帶筆記型電腦。以下是目前 GitHub Mobile 的主要應用場景：

- 接收通知：追蹤專案狀態、Pull Request 的進展，以及 Issue 的更新。
- Pull Request 審核：可在移動裝置上檢視程式碼差異（diff）、留下評論，或進行合併操作。
- Issue 管理：在手機上建立、回覆或關閉 Issue，提升團隊協作效率。
- 程式碼瀏覽：可以快速查看專案檔案、分支與提交歷史。

　　若需要 GitHub Copilot 的程式碼生成、輔助建議或自動完成功能，則會建議使用 Visual Studio Code、JetBrains 系列 IDE 或 GitHub Codespaces 進行程式開發。雖然使用者能可以透過 GitHub Copilot Chat 取得程式碼建議並透過 GitHub Mobile 修改程式，但安全起見，仍建議在完善的整合開發環境調整程式碼以避免人為失誤發生，造成系統營運影響。

GitHub Copilot 在 GitHub 行動應用程式應用

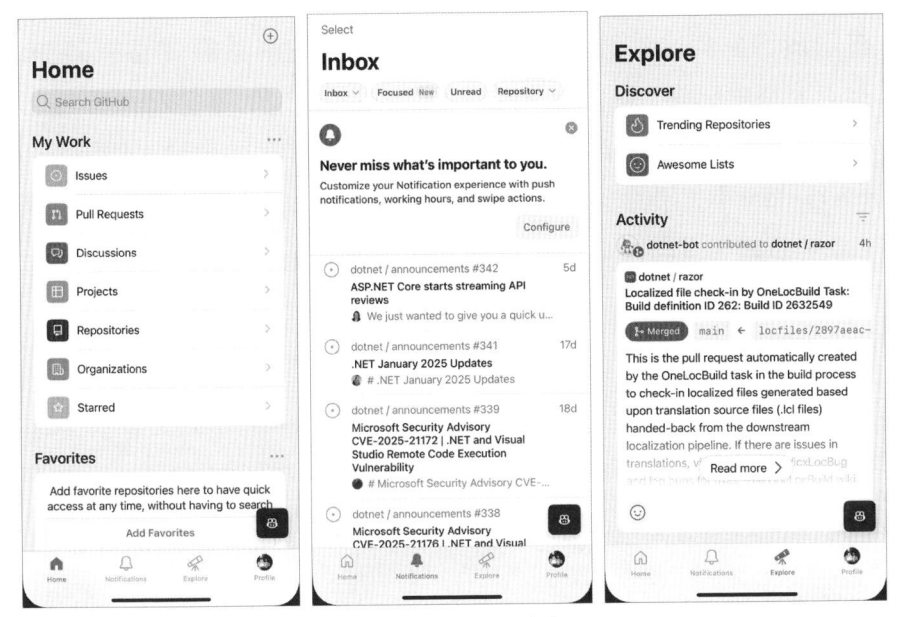

▲ 4-9　GitHub Mobile

使用者在訂閱並啟用 GitHub Copilot 後，在 GitHub Mobile 畫面右下角即會出現 GitHub Copilot 圖示。點選該圖示開啟 Chat 視窗，即可開始與 Copilot 進行互動。

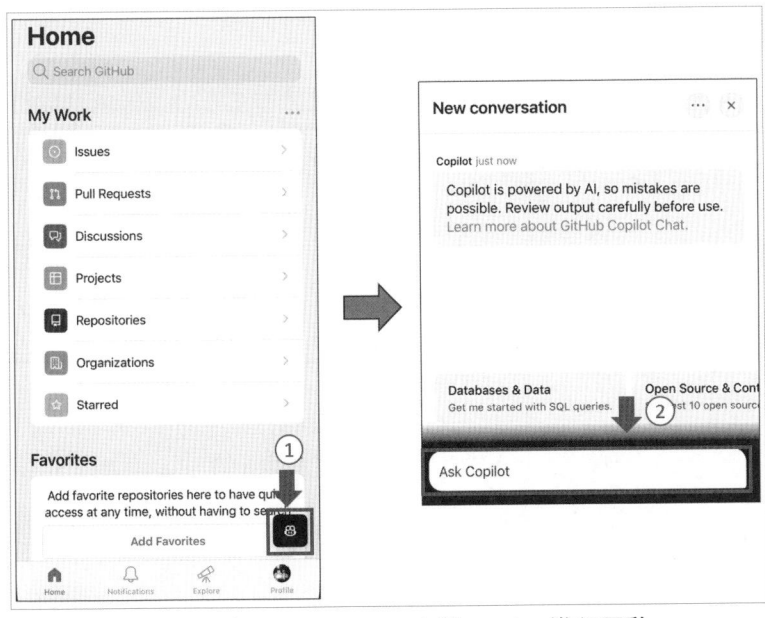

▲ 4-10　在 GitHub Mobile 中與 Copilot 進行互動

4　GitHub.com/Mobile 使用 GitHub Copilot

　　有別於網站與 IDE 提供的沉浸式模式，若使用者需要回顧與 GitHub Copilot 互動歷史紀錄，則需要請點選畫面右上角的【⋯】按鈕 (如圖①)，即可檢視最近的三個對話紀錄 (如圖②)；如果要檢視所有紀錄，則選擇【View all conversations】(如圖③)。使用者可以使用過去的互動紀錄，使用其前後文做為參考依據，進而從 GitHub Copilot 取得更準確的建議。

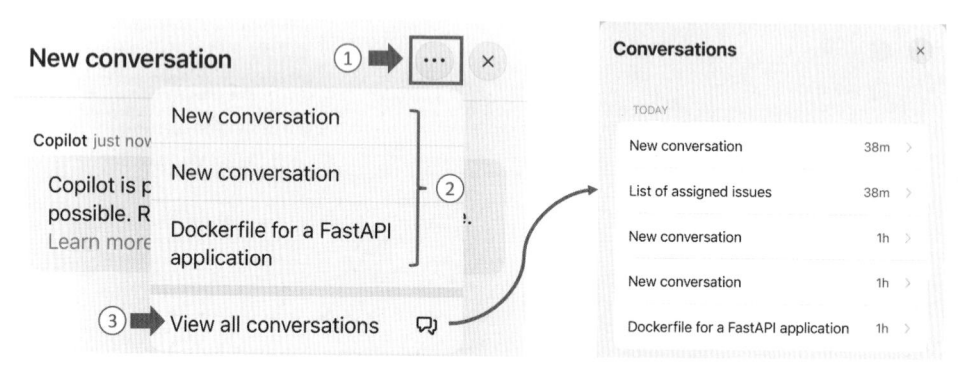

▲ 4-11　回顧與 GitHub Copilot 互動歷史紀錄

　　如果有較為混亂的對話紀錄需要移除或過多的紀錄需要整理，使用者可以進入該對話，點選右上角的【⋯】按鈕，選擇【Delete Conversation】即可移除此該紀錄。

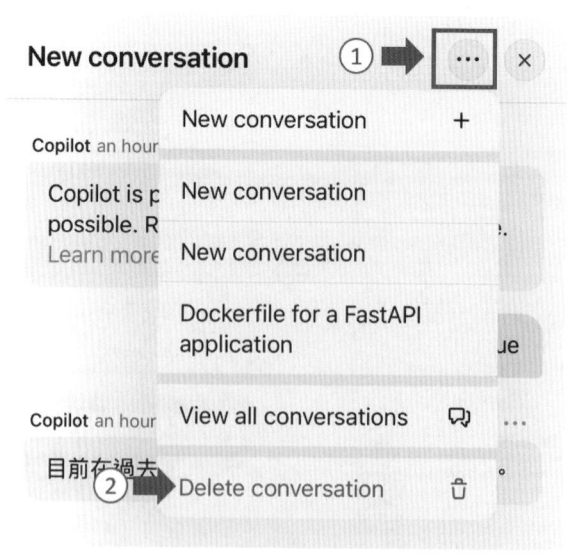

▲ 4-12　刪除對話紀錄

GitHub Copilot 在行動應用裝置因受限於行動端運算資源受限、程式編輯器體驗不足與隱私安全考量等因素，目前使用者在 GitHub 行動應用程式體驗會以 GitHub Copilot Chat 為主，其中運用的情境包含下列三種：

1. 軟體開發相關一般問題 (不需要前後文)
2. 基於 Repository、Issue、Pull Request 提出的問題
3. 特定檔案或檔案內指定程式碼的問題

GitHub Copilot 會依據 GitHub Mobile 目前所在功能，將其內容作為前後文進行參考，釐清使用者需求與縮小問題範圍以提高 GitHub Copilot 回覆精準度。如果使用者在首頁詢問某一個 Repository 中特定檔案內程式碼問題，則使用者需要準確提供 Repository 名稱、檔案路徑、檔案名稱與指定行數 (或程式名稱)，否則可能因為前後文內容過多進而導致 GitHub Copilot 無法回覆使用者問題。

	使用位置
一般問題	行動應用程式內任意功能內，點選 GitHub Copilot 圖示【😀】直接詢問
功能導向問題	首頁或該功能頁內點選 GitHub Copilot 圖示【😀】進行互動
指定檔案問題	該檔案條列頁或開啟檔案 (檢視該檔案) 內，點選 GitHub Copilot 圖示【😀】進行互動
檔案內指定程式碼	開啟檔案並選取程式碼後，點選 GitHub Copilot 圖示【😀】進行互動

以一個明顯的範例來說明：如果使用者在首頁內開啟 GitHub Copilot 對話並詢問近期指派給自己所有的 Issues，則會收到所有 Repository 內指派給自己的 Issues；但使用者在某一個 Repository 內開啟新對話並詢問相同問題，則 GitHub Copilot 只會以該 Repository 內 issues 作為搜尋範圍回覆使用者。

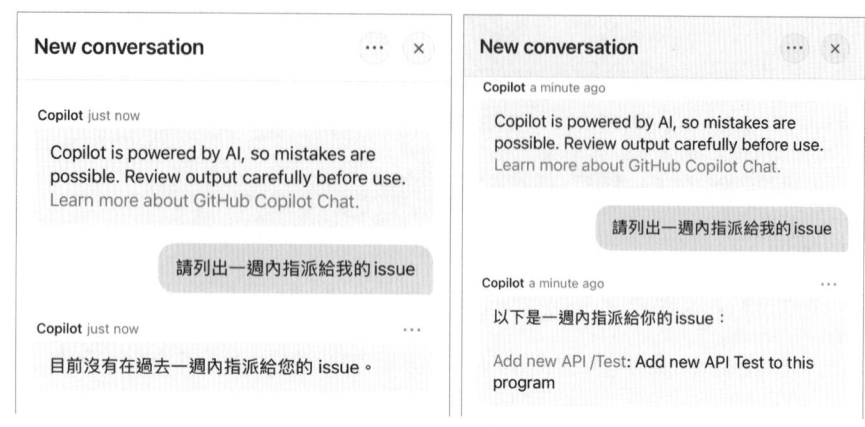

4 GitHub.com/Mobile 使用 GitHub Copilot

▲ 4-13 GitHub Copilot 根據範圍回覆使用者

　　另一個範例：如果使用者需要指定檔案特定程式碼作為前後文與 GitHub Copilot 互動，則先開啟該程式碼檔案，選取程式碼區段後 (如圖①)，點選右下角 GitHub Copilot 圖示【😀】(如圖②) 開啟對話視窗，即可發現該程式碼區段已經自動帶入對話中 (如圖③)。此時使用者即可以此程式碼區段做為前後文讓 GitHub Copilot 參考，開始詢問問題或請求協助。

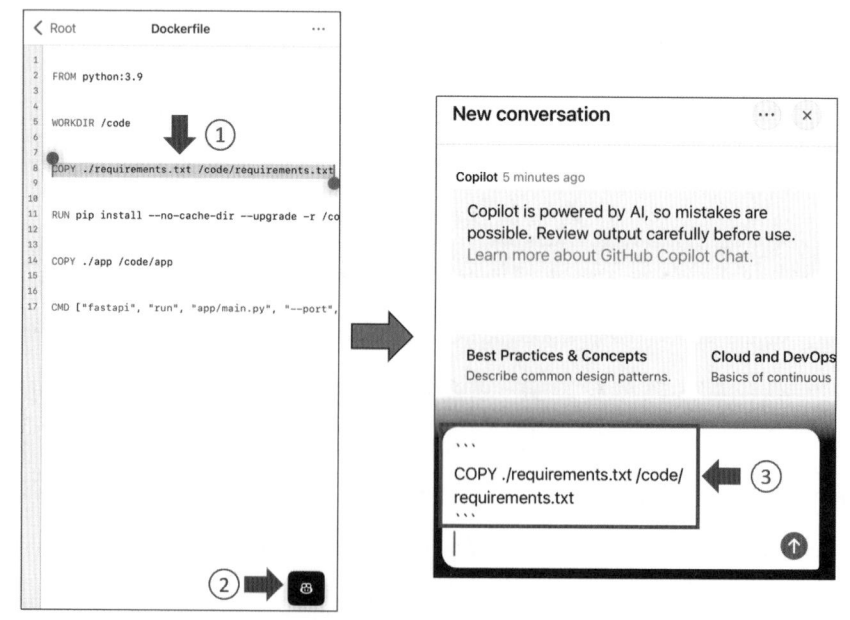

▲ 4-14 指定檔案特定程式碼作為前後文與 GitHub Copilot 互動

▶ 關於 Repository 探索性問題

　　使用者透過 GitHub Copilot 詢問 Repository 相關問題時（如程式碼解釋或取得資訊），可能會得到**無法透過程式碼搜索工具取得資訊**回覆。這可能表示此 Repository 為近期建立或較為龐大，尚未完成建立索引工作導致。一般來說，GitHub 對於所有 Repository 的主分支（以及預設分支）都會自動進行程式碼索引，以便使用者能在 GitHub 頁面上進行關鍵字搜尋。

　　索引工作會在背景運行，對於大型 Repository，第一次進行索引可能需要長達 30 分鐘。一旦 Repository 首次被索引，重新索引就會快得多，並且索引通常會在開始新對話後的 5 分鐘內自動更新以包含最新變更。當 Repository 的語意程式碼搜尋索引是最新的時，GitHub Copilot Chat 可以取得完整的 Repository 前後文做為參考，其回答自然語言問題的能力會得到最佳化，

注意：GitHub Copilot Chat 不會使用 Indexing Repository 進行模型訓練

4　GitHub.com/Mobile 使用 GitHub Copilot

GitHub Copilot 各種使用案例

- 解釋程式碼與說明錯誤訊息
- 解釋程式碼方式進行 Code Review – 小鴨除錯法
- 檔案格式轉換
- 正規表示式
- 產生單元測試
- 產生說明文件
- 從現有 Web API 程式生成請求指令並執行網路測試
- 透過 Open API 描述檔案產生 WebAPI 應用程式
- 程式語言學習與轉換
- 透過 Mermaid 延伸模組產生圖表

5 GitHub Copilot 各種使用案例

▶ 解釋程式碼與說明錯誤訊息

GitHub Copilot 不僅能夠協助開發者撰寫程式碼，還能提供即時的程式碼解釋與錯誤訊息解析，幫助開發者快速理解與修正問題。以下是兩個實際案例，分別展示 Copilot 如何解釋程式碼以及分析錯誤訊息。

使用情境：理解不熟悉的程式碼

假設你收到一段來自同事或開源專案的 Python 程式碼，但不太確定它的功能。可以選取這段程式碼，然後使用 GitHub Copilot Chat 詢問它的作用，輸入提式詞「這段程式碼的作用是什麼？」。

▲ 5-1 詢問 Copilot Chat 程式碼作用

GitHub Copilot 會嘗試理解程式碼內容並進行彙整、逐一說明程式碼作用，並視情況會呈現程式碼執行結果。這讓開發者可以迅速理解程式碼的運作方式，進而根據需求進行修改或擴展。如下圖所示，GitHub Copilot 首先說明程式碼總體作用、接著對程式碼細節進行說明，最終呈現執行結果。

解釋程式碼與說明錯誤訊息

> 🤖 **GitHub Copilot**
>
> › 已使用 1 個參考
>
> 這段程式碼的作用是找出給定數字列表中缺失的數字。具體來說，它會計算出在列表中最小數字和最大數字之間的所有數字，然後找出那些不在原始列表中的數字。最後，這些缺失的數字會以排序的方式返回。
>
> 以下是程式碼的詳細說明：
>
> 1. `find_missing_numbers(nums)` 函數接收一個數字列表 `nums`。
> 2. 使用 `range(min(nums), max(nums) + 1)` 生成從最小數字到最大數字的所有數字。
> 3. 使用 `set(nums)` 將原始列表轉換為集合。
> 4. 使用集合運算找出在範圍內但不在原始列表中的數字。
> 5. 將結果轉換為排序的列表並返回。
>
> 範例中，`numbers` 列表為 `[1, 2, 4, 6, 7, 10]`，缺失的數字為 `[3, 5, 8, 9]`。

▲ 52 Copilot Chat 理解程式碼內容並進行彙整

正如《Clean Code 無瑕的程式碼》一書所提到的，開發人員在開發過程中，最耗時的部分往往是閱讀與理解程式碼。當接觸一個全新的專案時，理解專案架構與程式邏輯是不可避免的過程。然而，透過 GitHub Copilot 的程式碼解釋功能，開發人員無需逐一開啟多個檔案並手動閱讀每一行程式碼，即可快速掌握其內容與運作方式，幫助他們更快進入狀況，從而提升開發效率與生產力。

使用情境：診斷錯誤訊息並進行修正

在開發過程中，錯誤訊息幾乎是難以避免的一部分。然而，並非所有開發者都能立即理解錯誤的根本原因，特別是面對較為複雜的錯誤訊息時。資深工程師通常具備豐富的經驗，能迅速分析錯誤，找出問題核心並嘗試修正。但是對於初階工程師而言，錯誤訊息的含義可能並不直觀，往往需要額外的時間來查找資料、測試不同情境，逐步確定問題所在，最終再嘗試修正錯誤。

5 GitHub Copilot 各種使用案例

我們以下列程式碼為例，我們撰寫了一個函式進行移除字串頭尾字元與轉換成小寫處理。但執行程式時出現錯誤訊息：「AttributeError: 'NoneType' object has no attribute 'strip'」。對於 python 初學者而言並不容易理解發生什麼問題。

▲ 5-3 錯誤訊息

選取終端機錯誤訊息，使用快捷鍵 Ctrl + I 開啟 Inline Chat，點選【連結內容】按鈕，從上方選單選擇【Terminal Selection】。我們將終端機選取內容做為參考內容，再輸入提示詞。

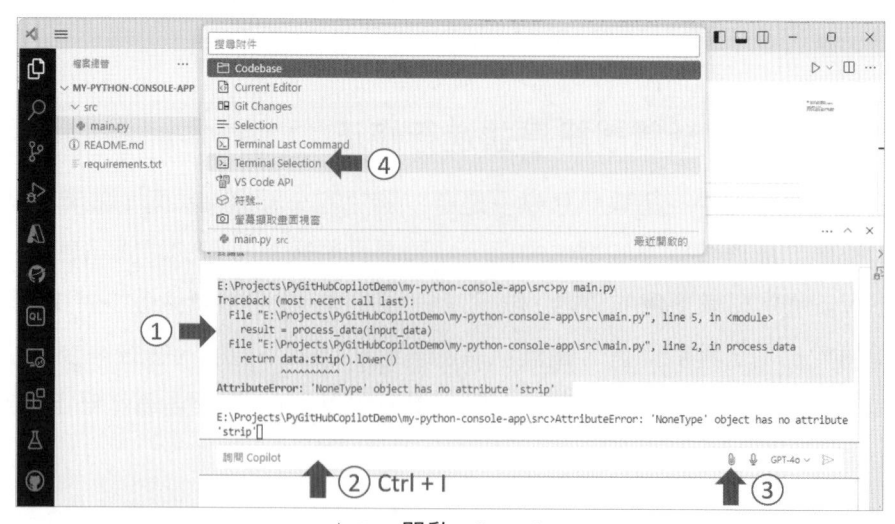

▲ 5-4 開啟 Inline Chat

解釋程式碼與說明錯誤訊息

　　當使用者在 GitHub Copilot 的提示欄輸入「這個錯誤訊息是什麼意思」時，Copilot 會指出問題的根本原因：來源資料的類型是 NoneType，因而缺少 strip 方法。接著，當使用者輸入【修正建議】作為提示，Copilot 即會自動生成對應的程式碼，協助開發者修正這個問題。

▲ 5-5 詢問錯誤訊息並建議修正

注意：請務必審慎評估 GitHub Copilot 提供的建議，確保其符合情境與需求，而非盲目接受所有建議。本範例僅用於示範如何向 Copilot 提問並採納建議，但不保證其為最正確或最佳的解決方案。

5 GitHub Copilot 各種使用案例

在根據 Copilot 提出的建議調整程式碼後，再次執行程式即可確認先前的問題已成功排除。透過這樣的反覆驗證過程，開發者能有效確保每項修改都能真實解決程式錯誤。

```
終端機    問題    輸出    連接埠    AZURE    註解
∨ 終端機

E:\Projects\PyGitHubCopilotDemo\my-python-console-app\src>py main.py
Processed Data:

E:\Projects\PyGitHubCopilotDemo\my-python-console-app\src>
```

▲ 5-6 經過修正，程式可以成功執行

▶ 解釋程式碼方式進行 Code Review – 小鴨除錯法

在上一個章節，我們簡單示範透過 GitHub Copilot 說明程式碼內容。解釋程式碼功能除了可以協助開發人員快速解程式碼，也能協助找出程式碼中邏輯不正確的地方，這有助於團隊進行程式碼審查。這有點像是小鴨除錯法：試圖向一個完全不懂程式的人（或物品黃色小鴨）解釋你的程式碼時，你會被迫用最清晰的方式表達問題，而這通常會幫助你意識到錯誤的地方。

有別於建置發生的錯誤(如語法錯誤、缺少套件)，程式碼邏輯的錯誤不容易發現，稍有不謹慎部署至正式環境，將可能造成難以補救影響。

我們舉幾個簡單的 python 程式碼為例，來說明如何透過 GitHub Copilot 解釋程式碼的方式，找出可能的邏輯錯誤。以下圖為例，我們有一個數值相加的函式 add_number(a, b) 與一個發現最大數值的函式 find_max(numbers)。眼尖的讀者可能已經發現函式內邏輯錯誤的位置。

解釋程式碼方式進行 Code Review – 小鴨除錯法

```
def add_numbers(a, b):
    return a - b

def find_max(numbers):
    max_number = numbers[0]
    for number in numbers:
        if number < max_number:
            max_number = number
    return max_number

def calculate_average(numbers):
    total = 0
    for number in numbers:
        total += number
    return total / len(numbers)
```

▲ 5-7 邏輯錯誤程式不容易發現

　　我們於編輯器上選取 add_numbers(a, b) 函式，並在 GitHub Copilot Chat 中輸入提示詞：「請說明此函式」。GitHub Copilot 隨即分析該函式，發現其名稱與實作內容不一致，並提出修正建議。這類情況在開發過程中時常發生，可能是因需求變更或人為疏忽所導致。無論是函式命名錯誤還是程式邏輯有誤，在發送 Pull Request 之前先行修正此類問題，有助於避免將低階錯誤提交給團隊成員審查。

5 GitHub Copilot 各種使用案例

▲ 5-8 請 Copilot 說明函式發現名稱與內容不一致

接下來，我們來檢視另一個函式。在編輯器中選取 find_max(numbers)，並同樣在 GitHub Copilot Chat 中輸入提示詞：「請說明此函式」。GitHub Copilot 隨即分析該函式，也發現其名稱與實作內容不一致，並提供修正建議。

5-8

▲ 5-9 請 Copilot 說明函式發現名稱與內容不一致 (2)

透過這兩個案例，讀者應能體會到，無論是接手新的程式碼任務還是進行 Code Review，利用 GitHub Copilot Chat 進行分析與解釋，不僅能加速理解程式碼內容，還能幫助發現潛在的邏輯錯誤，提高程式碼的品質與可靠性。

▶ 檔案格式轉換

在開發過程中，開發人員經常需要處理資料格式的排版、解析、編碼與轉換。即使是經驗豐富的工程師，也得花費相當多的時間應付這些看似簡單、卻繁瑣且需要反覆執行的工作。一般而言，多數人會運用現成工具或自行開發小工具，以避免透過人工作業方式逐一進行調整或轉換。

GitHub Copilot 能協助開發人員更有效率地解決這類瑣碎需求，除了可以直接進行轉換，並提供完整的程式碼範例，讓人員能快速開發出轉換工具

並持續加以利用。接下來，我們將介紹幾種常見的轉換情境，說明如何透過 GitHub Copilot 來處理與解決這些問題。

英文大、小寫轉換

雖然許多文書處理軟體或自製工具可以幫助處理文字格式問題，但當開發人員不熟悉這些工具，或臨時需要進行英文大小寫格式轉換時，往往只能手動調整。雖然這類任務不算困難，但仍需額外花費時間。此時，GitHub Copilot 能夠快速滿足需求。例如，下圖展示除了基本的大寫轉換外，還能將文字內容轉換為駝峰式命名（Camel Case），大幅提升處理效率。

▲ 5-10 Copilot 處理英文大、小寫轉換

注意：檔案格式轉換會因為所選的模型不同而有不同的結果，舉例來說，使用 o3-mini 時僅回應轉換結果；使用 GPT-4o 時則會回應結果與範例程式碼，有興趣的讀者可以試試看。

XML、CSV、JSON 與 YAML 資料交換格式處理

資料交換格式（Data Exchange Format）是用來在不同系統、應用程式或平台之間交換與傳輸資料的標準化格式。定義了資料的結構和表示方式，確保資料在發送端與接收端之間能夠被正確解析和理解。無論是應用程式間的 API 通信、檔案儲存，還是資料庫匯入與匯出，都需要使用一種共識的資料格式來進行交換。也因為如此，資訊人員經常需要處理許多有關資料交換格式繁瑣事務：

- 格式驗證，確保格式正確可供程式解析與使用
- 美化排版以提高可讀性
- 格式轉換讓不同服務使用

▲ 5-11 Copilot 處理資料交換格式處理

5　GitHub Copilot 各種使用案例

Base64 編碼與解碼

　　Base64 是一種編碼方式，將原始二進位資料（如檔案、圖片或字串）轉換成可閱讀的文字格式，並可逆的將該文字格式還原回原始資料。經常用於資料傳輸與儲存，確保資料可以安全地被傳遞。Base64 編碼後的字串由 64 個可列印字元組成，包括英文字母（大小寫）、數字、+ 和 /，並以 = 作為填充字元。當然，也能請 GitHub Copilot 協助 Base64 編碼與解碼。

> Hello！I am Duran Hsieh, nice to meet you.
>
> 請協助將上列字串進行 base64 編碼

當然可以！以下是將字串進行 Base64 編碼的 Python 代碼示例：

```python
import base64

# 原始字串
original_string = "Hello ! I am Duran Hsieh, nice to meet you."

# 將字串編碼成 bytes
string_bytes = original_string.encode('utf-8')

# 進行 Base64 編碼
base64_bytes = base64.b64encode(string_bytes)

# 將編碼結果轉換回字串
base64_string = base64_bytes.decode('utf-8')

print("Base64 編碼結果:", base64_string)
```

運行這段代碼後，您將會得到以下輸出：

```
Base64 編碼結果: SGVsbG8gISBJIGFtIERlcmFuIEhzaWVoLCBuaWNlIHRvIG1lZXQgeW91Lg==
```

▲ 5-12　Copilot 處理 Base64 編碼與解碼

URL 編碼與解碼

URL 編碼將特殊字元轉換為百分比 (%) 符號後跟 16 進位數的形式，以確保在 URL 中正確傳輸。這是因為某些字元在 URL 中具有特定意義（如 ?、&、# 等），若直接使用可能導致解析錯誤。URL 也能防止安全漏洞，避免惡意字元攻擊。下表為 URL 編碼範例：

原始字元	URL 編碼	說明
空格 ( )	%20 或 +	表示空白字元
!	%21	驚嘆號
&	%26	參數分隔符
/	%2F	路徑分隔符

matsurigoto
請將下列字串進行 URL Encode Hello World!

GitHub Copilot
以下是進行 URL Encode 後的字串：

Hello%20World%21

▲ 5-13 Copilot 處理 URL 編碼與解碼

HTML 編碼與解碼

HTML 編碼用於將 HTML 中具有特殊含義的字元（如 <、>）轉換為實體字元 (HTML Entities)，避免被瀏覽器誤認為 HTML 標籤。HTML 編碼用於 HTML 表單輸入，能防止 XSS 攻擊。下表為 HTML 編碼範例：

5 GitHub Copilot 各種使用案例

原始字元	HTML 編碼	說明
<	&lt;	小於符號
>	&gt;	大於符號
&	&amp;	和號
"	&quot;	雙引號
'	&apos;	單引號

> **matsurigoto**
> 請將下列字串進行 HTML Encode
> `<h1>Hello & Welcome!</h1>`

> **GitHub Copilot**
> 以下是進行 HTML Encode 後的字串：
>
> `&lt;h1&gt;Hello &amp; Welcome!&lt;/h1&gt;`

▲ 5-14 Copilot 處理 HTML 編碼與解碼

ASCII 編碼與解碼

　　將文字轉換為電腦可讀的二進位形式的標準方法之一，廣泛應用於文字處理、資料傳輸和通訊中。是早期的字元編碼標準，用來表示英文字母、數字、標點符號及控制字元。ASCII 現已被更強大的 Unicode (UTF-8) 取代，但在資料傳輸、底層通訊和嵌入式系統中，ASCII 仍然扮演重要角色。

> matsurigoto
> 請將下列字串進行 ASCII 編碼 Hello

> GitHub Copilot
> 我來幫您將 "Hello" 字串進行 ASCII 編碼。以下是使用 Python 程式碼的範例：
>
> ```
> message = "Hello"
> ascii_values = [ord(char) for char in message]
> print(ascii_values)
> ```
>
> 執行後會得到以下結果：`[72, 101, 108, 108, 111]`
>
> 這些數字代表 "Hello" 中每個字元的 ASCII 值：
>
> - H = 72
> - e = 101
> - l = 108
> - l = 108
> - o = 111

▲ 5-15 Copilot 處理 ASCII 編碼與解碼

Markdown / HTML / PDF 轉換

　　網頁內容撰寫與維護方式至關重要，但隨著時間日新月異，文件的儲存與呈現方式也不盡相同。舉例來說，過往常見透過所見己所得方式撰寫內容，以 HTML 方式儲存與呈現，近年來則是流行透過 markdown 方式撰寫與儲存內容，以 HTML 方式呈現。無論是網站資料轉移、技術文件維護或文件格式轉換，資料維護皆需要花費時間進行處理。

5 GitHub Copilot 各種使用案例

matsurigoto

將 #file:github-interface-introduction.md 轉換成 HTML

⬇ github-interface-introduction.md

GitHub Copilot

> 已使用 1 個參考

以下是將 ⬇ github-interface-introduction.md 轉換成 HTML 的內容：

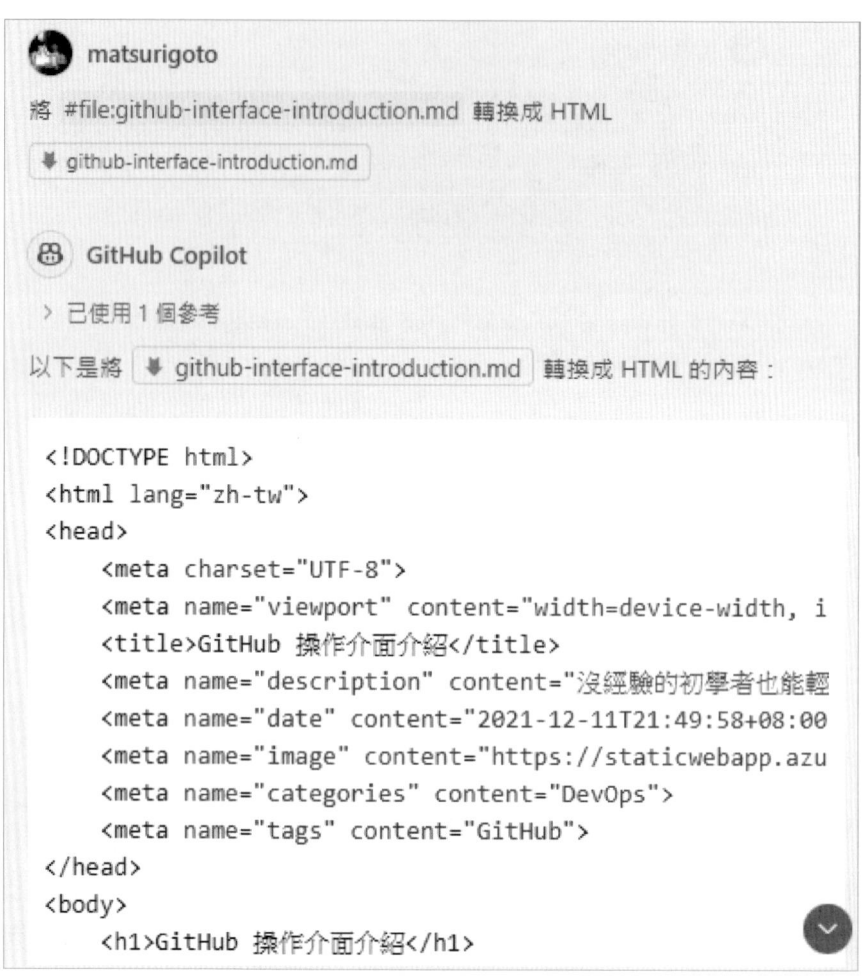

```html
<!DOCTYPE html>
<html lang="zh-tw">
<head>
    <meta charset="UTF-8">
    <meta name="viewport" content="width=device-width, i
    <title>GitHub 操作介面介紹</title>
    <meta name="description" content="沒經驗的初學者也能輕
    <meta name="date" content="2021-12-11T21:49:58+08:00
    <meta name="image" content="https://staticwebapp.azu
    <meta name="categories" content="DevOps">
    <meta name="tags" content="GitHub">
</head>
<body>
    <h1>GitHub 操作介面介紹</h1>
```

▲ 5-16 Copilot 處理 HTML 轉換

理所當然，並不是每一種文件皆可透過 GitHub Copilot 進行轉換，如從 markdown 轉換成 pdf 檔案。但 GitHub Copilot 會推薦實用的工具，並給予轉換教學。

▲ 5-17 Copilot 處理 PDF 轉換

▶ 正規表示式

　　正規表示式（Regular Expression，簡稱 RegEx）是一種強大的字串模式匹配工具，用於在文字中搜尋、比對與取代特定模式。無論是驗證電子郵件、搜尋 IP 地址，還是抽取特定資料，正規表示式都是不可或缺的工具。

　　然而，正規表示式的語法往往複雜且不易記憶，這正是 GitHub Copilot 可以發揮作用的地方。我們以驗證電子郵件 C# 程式為範例，說明如何使用 GitHub Copilot 產生正規表示、補齊程式碼並審核其邏輯是否有錯誤。

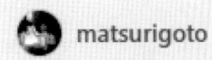

5-17

5　GitHub Copilot 各種使用案例

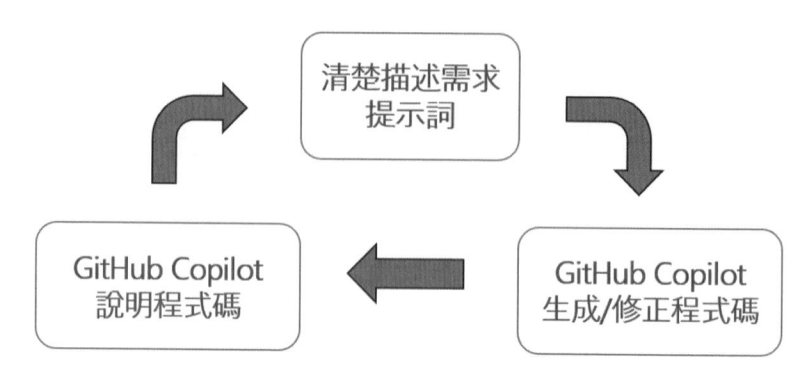

▲ 5-18　驗證電子郵件 C# 程式撰寫流程

步驟 1：清楚描述需求

在 Visual Studio Code 中建立一個 Program.cs 檔案，然後開啟後，在編輯器中輸入一段清楚的註解，闡述想要達成的目標。

範例需求：「撰寫一個正規表示式，用於驗證電子郵件地址。」

輸入提示（Prompt）：「// 正規表示式：驗證電子郵件地址」

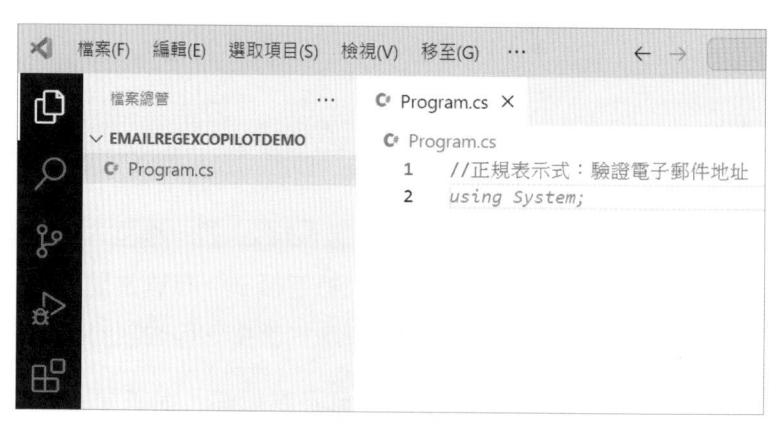

▲ 5-19　步驟 1：清楚描述需求

步驟 2：GitHub Copilot 生成 / 修正程式碼

讓 Copilot 生成正規表示式

輸入提示後，透過 GitHub Copilot 自動補齊程式碼。如下圖所示：

```csharp
//正規表示式：驗證電子郵件地址
using System;
using System.Text.RegularExpressions;

namespace RegularExpression
{
    0 個參考
    class Program
    {
        0 個參考
        static void Main(string[] args)
        {
            string email = "dog0416@gmail.com";
            string pattern = @"^([\w\.\-]+)@([\w\-]+)((\.(\w){2,3})+)$";
            Regex regex = new Regex(pattern);
            if (regex.IsMatch(email))
            {
                Console.WriteLine("電子郵件地址格式正確");
            }
            else
            {
                Console.WriteLine("電子郵件地址格式錯誤");
            }
        }
    }
}
```

▲ 5-20 讓 Copilot 生成正規表示式

步驟 3：GitHub Copilot 說明程式碼

正規表示式解讀

理所當然，我們給的提示詞並非完美，所以每次的程式碼建議我們需要審核確認無誤，而並非直接採用。我們能發現在匹配網域部分 (字數) 可能有問題，GitHub Copilot 也提示無法符合 RFC 標準電子郵件格式。

5-19

5 GitHub Copilot 各種使用案例

範例需求：「解釋正規表示式。」

輸入提示（Prompt）：選取第 12 行程式後，輸入「@workspace /explain 請說明正規表示式」

以下是此正規表示式的逐步解析：

```
string pattern = @"^([\w\.\-]+)@([\w\-]+)((\.(\w){2,3})+)$";
```

1. `^` 與 `$`：
   - `^` 表示字串開始，`$` 表示字串結束，因此此正規表示式會驗證整個字串是否符合格式。
2. `([\w.-]+)`：
   - 此群組匹配電子郵件中的 local-part（在 @ 符號前的部分）。
   - `\w` 等於 `[A-Za-z0-9_]`，也就是英文字母、數字底線。
   - `\.` 匹配點號，`\-` 匹配連接號（減號）。
   - `+` 表示前面的字元類型至少出現一次。
3. `@`：
   - 直接匹配字面上的 @ 符號。
4. `([\w-]+)`：
   - 此群組匹配 @ 後面主機名稱的第一個部分（通常是郵件的網域名稱的一部分）。
   - `\w` 同樣匹配字母、數字及底線，加上 `\-` 可匹配連接號。
   - `+` 表示至少出現一次。
5. `((.(\w){2,3})+)$`：
   - 外層的群組 `((\.(\w){2,3})+)` 匹配一個或多個網域後綴。
   - 內層 `\.` 匹配字面上的句點（.）。
   - `(\w){2,3}` 表示句點後要接 2 到 3 個字母或數字（例如：com、net、org）。
   - `+` 表示這整組（句點跟 2~3 個字母或數字）可以重複一次或多次（例如：.co.uk 就是兩次模式）。

總結：
此正規表示式用於驗證電子郵件格式，其中要求：

- 整個字串必須從頭到尾完全符合格式。
- local-part 部分只能包含字母、數字、底線、點號以及連接號。
- 網域部份允許字母、數字、底線與連接號。
- 必須至少有一個句點後綴，每段後綴由句點開頭，接 2 至 3 個字元。

請注意：

- 此正規表示式可能無法覆蓋所有符合 RFC 標準的電子郵件格式，但適合作為簡單的驗證。

▲ 5-21 正規表示式解讀

正規表示式

回到步驟 1：清楚描述修正需求

此時我們對於 GitHub Copilot 提供資訊進行修正，希望驗證格式能符合 RFC 標準電子郵件格式。確認無誤後點選套用至 Program.cs 按鈕進行修正。

範例需求：「正規表示式要符合 RFC 標準電子郵件格式。」

輸入提示（Prompt）：選取第 12 行程式後，輸入「@workspace /explain 請說明正規表示式」

▲ 5-22 回到步驟 1：清楚描述修正需求

5-21

5 GitHub Copilot 各種使用案例

```
0 個參考
class Program
{
    0 個參考
    static void Main(string[] args)
    {
        string email = "dog0416@gmail.com";
        string pattern = @"^([\w\.\-]+)@([\w\-]+)((\.(\w){2,3})+)$";
        string pattern = @"^[a-zA-Z0-9.!#$%&'*+/=?^_`{|}~-]+@[a-zA-Z0-9-]+
        Regex regex = new Regex(pattern);
        if (regex.IsMatch(email))
        {
            Console.WriteLine("電子郵件地址格式正確");
        }
```

③

▲ 5-23 經過修正後產生程式碼建議

持續審核程式碼內容

我們能持續透過 GitHub Copilot 對於程式碼內容進行說明，並審核內容是否正確，修正提示詞與程式碼內容直至符合需求為止。

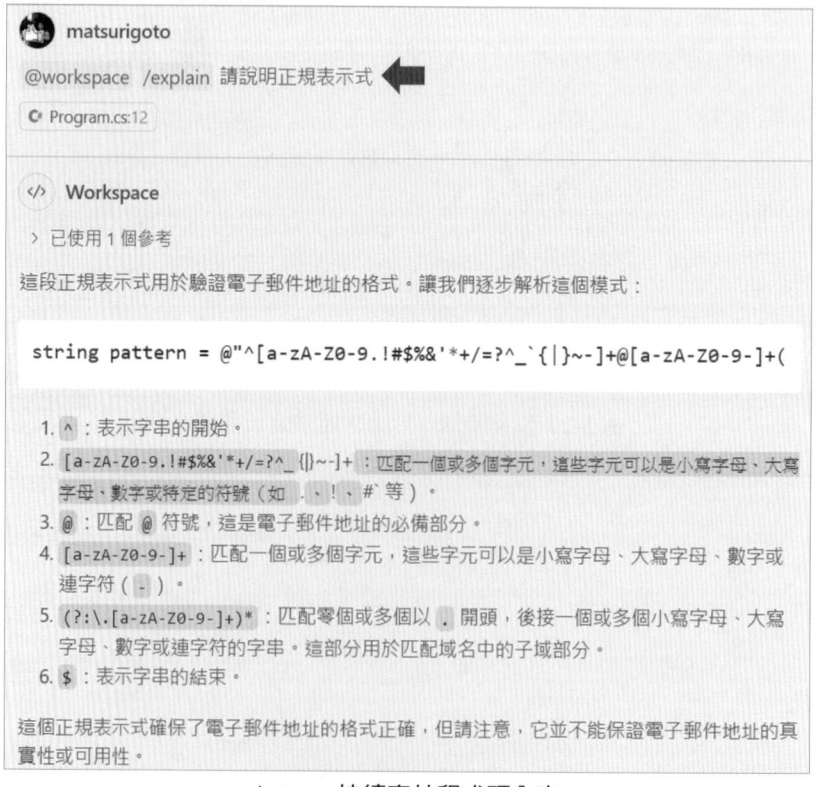

matsurigoto
@workspace /explain 請說明正規表示式 ⬅
C# Program.cs:12

</> Workspace
> 已使用 1 個參考

這段正規表示式用於驗證電子郵件地址的格式。讓我們逐步解析這個模式：

`string pattern = @"^[a-zA-Z0-9.!#$%&'*+/=?^_`{|}~-]+@[a-zA-Z0-9-]+(`

1. `^`：表示字串的開始。
2. `[a-zA-Z0-9.!#$%&'*+/=?^_{|}~-]+`：匹配一個或多個字元，這些字元可以是小寫字母、大寫字母、數字或特定的符號（如 `.`、`!`、`#` 等）。
3. `@`：匹配 @ 符號，這是電子郵件地址的必備部分。
4. `[a-zA-Z0-9-]+`：匹配一個或多個字元，這些字元可以是小寫字母、大寫字母、數字或連字符 (`-`)。
5. `(?:\.[a-zA-Z0-9-]+)*`：匹配零個或多個以 `.` 開頭，後接一個或多個小寫字母、大寫字母、數字或連字符的字串。這部分用於匹配域名中的子域部分。
6. `$`：表示字串的結束。

這個正規表示式確保了電子郵件地址的格式正確，但請注意，它並不能保證電子郵件地址的真實性或可用性。

▲ 5-24 持續審核程式碼內容

透過產生正規表示式範例,我們提供一些使用 GitHub Copilot 最佳實踐:

- 具體描述需求: 提供詳細的目標,例如「符合 YYYY-MM-DD 格式的日期」。
- 使用範例驗證: 生成後,測試多個範例,確保正規表示式正確處理邊界情況。
- 逐步改進: 若初次生成未達預期,可調整提示並重新生成。

▶ 產生單元測試

使用 GitHub Copilot 自動產生單元測試雖然聽起來很吸引人,但在實際開發流程中並非所有事情都能如此順利。當團隊在現有系統開發時,若缺乏對「可測試程式」的設計與撰寫能力,後續要補寫測試程式就會相當困難。即使使用 GitHub Copilot,也往往無法直接產生合適的測試,必須先對原有程式進行重構,使其具備可測性。

然而,我們並不建議為了撰寫測試而大幅改動整個系統,這可能帶來災難性的風險。團隊可以先從新功能或需要修正的區塊著手,並透過反覆與 GitHub Copilot 互動,一邊學習如何撰寫可測試程式,一邊使用單元測試產生功能,逐步提升開發效率並強化系統的穩定性。

下面我們將以 C# 為範例,逐步說明如何透過 GitHub Copilot 建立測試環境與產生單元測試:

在開始之前,必須先完成下列準備工作:

步驟 1. 若要在 Visual Studio Code 中建立和執行 C# 單元測試,需要下列資源:

- .NET 8.0 SDK 或更新版本 (https://dotnet.microsoft.com/zh-tw/download)
- 適用於 Visual Studio Code 的 C# 開發套件延伸模組

5 GitHub Copilot 各種使用案例

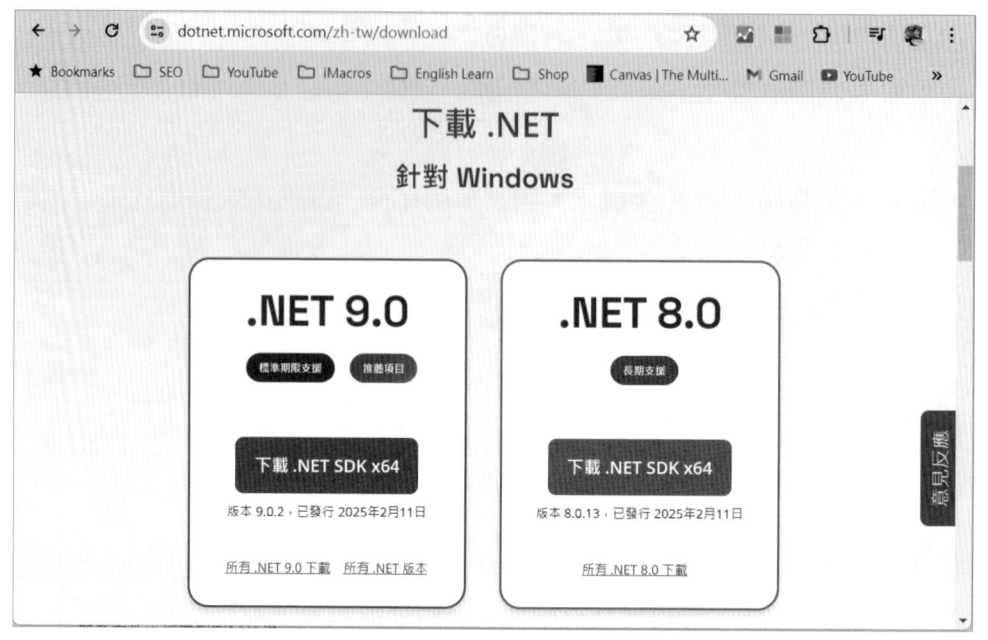

▲ 5-25 下載 .NET 8.0 SDK 或更新版本

▲ 5-26 安裝 Visual Studio Code 的 C# 開發套件延伸模組

步驟 2. 透過 Git Clone 指令複製範例專案至本地端，並切換分支至 init。

git clone https://github.com/matsurigoto/GitHubCopilotBookUnitTestDemo.git

產生單元測試

```
Microsoft Windows [版本 10.0.26100.3194]
(c) Microsoft Corporation. 著作權所有，並保留一切權利。

C:\Duran\temp>git clone https://github.com/matsurigoto/GitHubCopilotBookUnitTestDemo.git
Cloning into 'GitHubCopilotBookUnitTestDemo'...
remote: Enumerating objects: 11, done.
remote: Counting objects: 100% (11/11), done.
remote: Compressing objects: 100% (9/9), done.
remote: Total 11 (delta 0), reused 7 (delta 0), pack-reused 0 (from 0)
Receiving objects: 100% (11/11), 5.10 KiB | 5.10 MiB/s, done.

C:\Duran\temp>
```

▲ 5-27 透過 Git Clone 指令複製範例專案至本地端

步驟 3. 依序輸入下列指令將切換目錄、切換分支與開啟 visual studio code

| cd GitHubCopilotBookUnitTestDemo |
| git checkout origin/init |
| code . |

```
C:\Duran\temp>cd GitHubCopilotBookUnitTestDemo   ← ②

C:\Duran\temp\GitHubCopilotBookUnitTestDemo>git checkout origin/init   ← ③
Note: switching to 'origin/init'.
```

▲ 5-28 切換目錄

開啟 Visual Studio Code，檢視專案內容如下，即完成前置工作

5-25

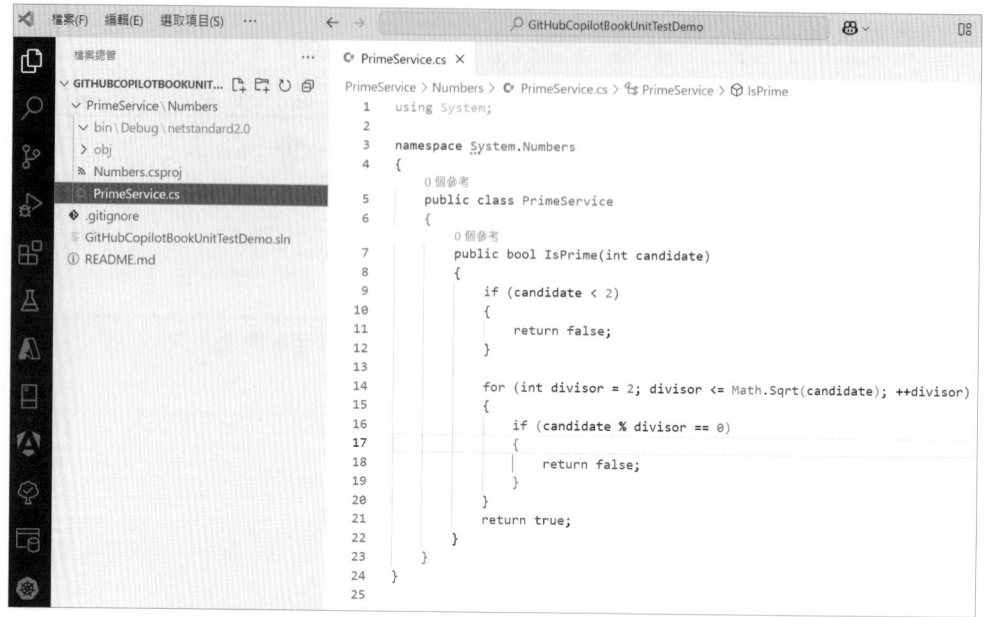

5 GitHub Copilot 各種使用案例

```
PrimeService > Numbers > PrimeService.cs > PrimeService > IsPrime
1   using System;
2
3   namespace System.Numbers
4   {
5       public class PrimeService
6       {
7           public bool IsPrime(int candidate)
8           {
9               if (candidate < 2)
10              {
11                  return false;
12              }
13
14              for (int divisor = 2; divisor <= Math.Sqrt(candidate); ++divisor)
15              {
16                  if (candidate % divisor == 0)
17                  {
18                      return false;
19                  }
20              }
21              return true;
22          }
23      }
24  }
25
```

▲ 5-29 開啟 Visual Studio Code，檢視專案內容如下

設定測試環境

步驟 1. 開啟 GitHub Copilot Chat 視窗，輸入提示詞「@workspace /setupTests」

產生單元測試 ◀

▲ 5-30 設定測試環境

步驟 2. 這次範例我們選擇 MSTest 套件，也可以依據學習需求選擇。

▲ 5-31 選擇 MSTest 套件

5 GitHub Copilot 各種使用案例

步驟 3. 依據 GitHub Copilot 指示，將測試專案套用變更至工作區並依序輸入指令安裝套件、加入專案參考。

▲ 5-32 將測試專案套用變更

▲ 5-33 入指令安裝套件，加入參考

產生單元測試

步驟 4. 開啟工作區內 NumbersTests.cs，會發現透過 /setupTests 提示詞 GitHub Copilot 已經協助您產生單元測試，我可以先行進行測試

▲ 5-34 開啟測試程式檔案

步驟 5. 輸入下列指令切換目錄並執行測試，發出現錯誤訊息 PrimeService 是命名空間，但卻當成類別使用。

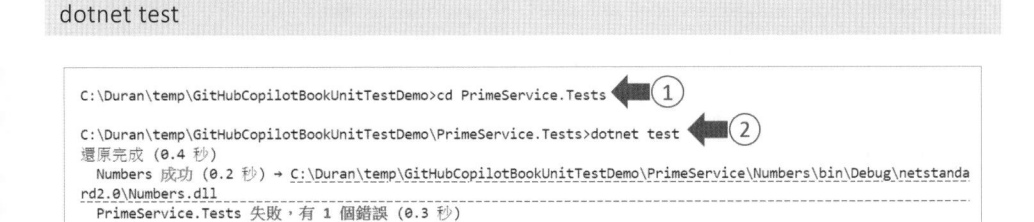

```
cd PrimeService.Tests
```

```
dotnet test
```

▲ 5-35 測試程式發現有錯誤

步驟 6. 錯誤根本原因為 GitHub Copilot 生成測試程式時，將命名空間 (namespace) 設定為 PrimeService，而測試程式內也使用 PrimeService 類別進行測試，導致名稱衝突。需要將測試程式命名空間進行調整即可，我們將命名空間調整成 System.Number.Tests (或其他更好的名稱)。

5-29

5 GitHub Copilot 各種使用案例

```
C# NumbersTests.cs  U  X
PrimeService.Tests >  C# NumbersTests.cs
 1   using Microsoft.VisualStudio.TestTools.UnitTesting;
 2   using System.Numbers;
 3
 4   namespace System.Numbers.Tests
 5   {
 6       [TestClass]         ① 
         0 個參考
 7       public class NumbersTests
 8       {
```

▲ 5-36 錯誤調整

注意：正如先前所提到的，GitHub Copilot 在生成內容時仍可能存在不完美之處，就像與一位初階同事合作一樣，身為正駕駛必須持續審核與決策。您可以持續請 Copilot 說明錯誤原因，並在不斷的互動與學習過程中累積開發經驗，進而有效提升生產力。

步驟 7. 重新執行測試，可以看見所有測試案例皆通過。

```
C:\Duran\temp\GitHubCopilotBookUnitTestDemo\PrimeService.Tests>dotnet test   ①
還原完成 (0.4 秒)
  Numbers 成功 (0.2 秒) → C:\Duran\temp\GitHubCopilotBookUnitTestDemo\PrimeService\Numbers\bin\Debug\netstandard2.0\Numbers.dll
  PrimeService.Tests 成功 (3.1 秒) → bin\Debug\net9.0\PrimeService.Tests.dll
已為 C:\Duran\temp\GitHubCopilotBookUnitTestDemo\PrimeService.Tests\bin\Debug\net9.0\PrimeService.Tests.dll 啟
用平行測試 (背景工作角色: 8，範圍: MethodLevel)
  PrimeService.Tests 測試 成功 (1.1 秒)

測試摘要: 總計: 4, 失敗: 0, 成功: 4, 已跳過: 0, 持續時間: 1.1 秒
在 5.4 秒內建置 成功
```

▲ 5-37 測試案例通過

產生單元測試

雖然我們之前已經使用 /setupTests 提示詞，讓 GitHub Copilot 自動生成了單元測試案例，但本章仍將詳細說明整個產生測試的流程，讓讀者能夠充分理解並掌握撰寫單元測試的核心步驟。

步驟 1. 我們開啟 PrimeServices.cs 檔案，選取 IsPrime 函式名稱，使用快捷鍵 Ctrl + I，輸入提示詞：「/test MSTest」

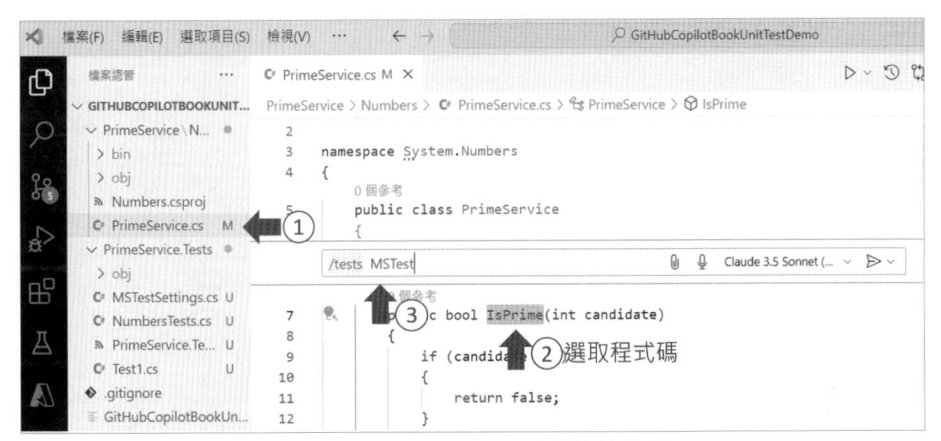

▲ 5-38 選取需要單元測試的程式碼

5 GitHub Copilot 各種使用案例

步驟 2. GitHub Copilot 生成測試程式碼，審核測試程式無誤後點選同意後並存檔案

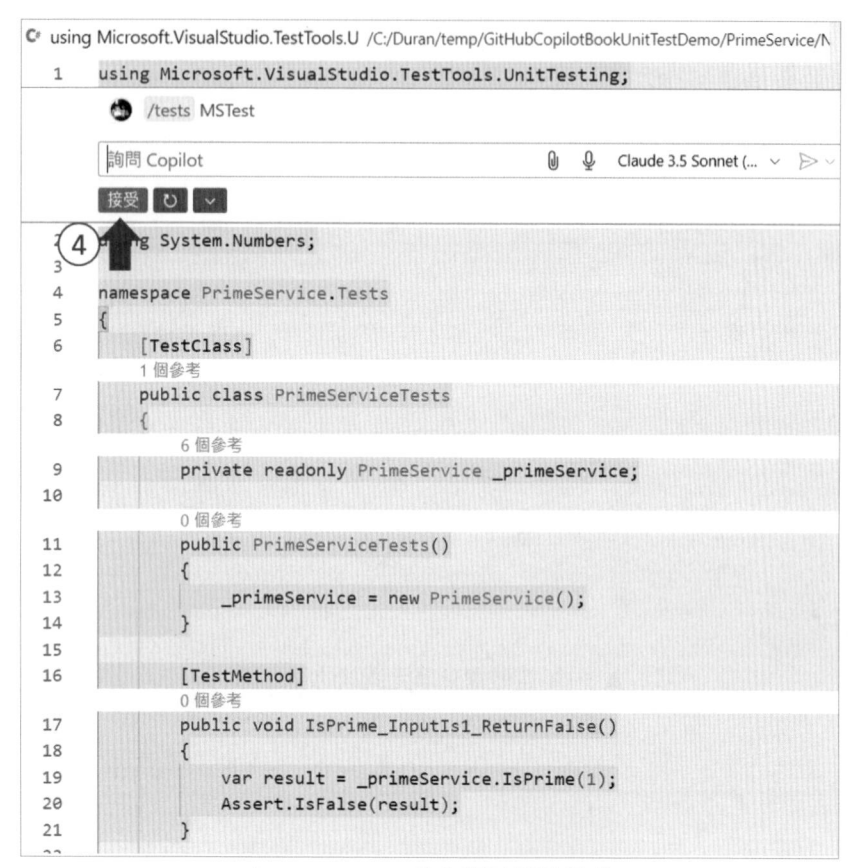

```
using Microsoft.VisualStudio.TestTools.UnitTesting;

namespace PrimeService.Tests
{
    [TestClass]
    public class PrimeServiceTests
    {
        private readonly PrimeService _primeService;

        public PrimeServiceTests()
        {
            _primeService = new PrimeService();
        }

        [TestMethod]
        public void IsPrime_InputIs1_ReturnFalse()
        {
            var result = _primeService.IsPrime(1);
            Assert.IsFalse(result);
        }
}
```

▲ 5-39 Copilot 產生單元測試程式

產生單元測試

步驟 3. 存檔時請注意路徑為 PrimeService.Tests 目錄下，檔案命名為 PrimeServiceUnitsTests.cs，點選存檔按鈕。

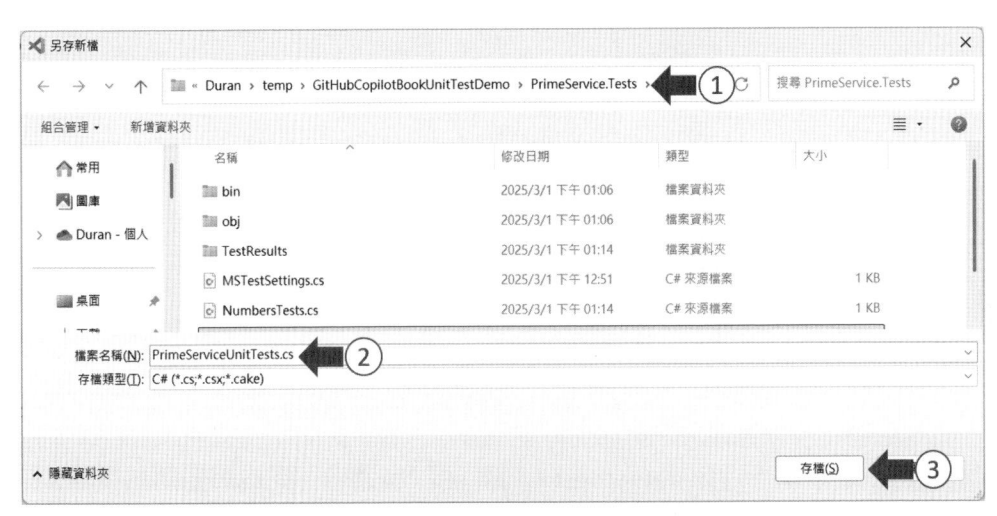

▲ 5-40 儲存單元測試程式，注意位置

步驟 4. 回到終端機，輸入下列指令並執行測試

```
cd PrimeService.Tests
```
```
dotnet test
```

您會發現與前面單元測試發生的錯誤相同，PrimeService 同時為命名空間，在測試程式中也作為類別使用的衝突錯誤。

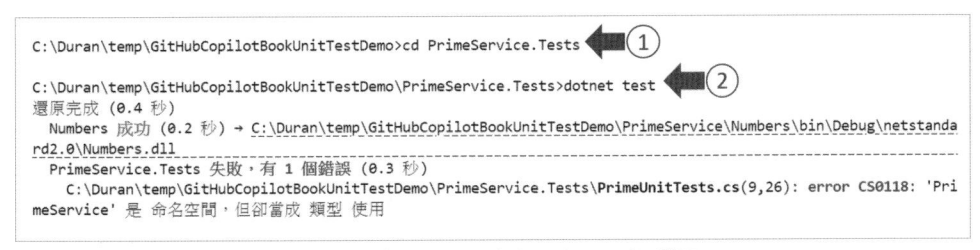

```
C:\Duran\temp\GitHubCopilotBookUnitTestDemo>cd PrimeService.Tests

C:\Duran\temp\GitHubCopilotBookUnitTestDemo\PrimeService.Tests>dotnet test
還原完成 (0.4 秒)
  Numbers 成功 (0.2 秒) → C:\Duran\temp\GitHubCopilotBookUnitTestDemo\PrimeService\Numbers\bin\Debug\netstandard2.0\Numbers.dll
  PrimeService.Tests 失敗，有 1 個錯誤 (0.3 秒)
    C:\Duran\temp\GitHubCopilotBookUnitTestDemo\PrimeService.Tests\PrimeUnitTests.cs(9,26): error CS0118: 'PrimeService' 是 命名空間，但卻當成 類型 使用
```

▲ 5-41 進行單元測試，發現一個錯誤

步驟 5. 開啟測試檔案，將命名空間更改為 System.Number.Test (或更好的命名)。

▲ 5-42 修改錯誤內容

步驟 6. 重新執行指令 dotnet test，確認測試皆通過，完成單元測試撰寫、

▲ 5-43 再度進行測試，重複步驟直到通過

▶ 產生說明文件

對大多數開發人員來說，撰寫專案說明文件、相依性文件或程式碼說明文件並非易事，通常會因技術細節過多而顯得難以閱讀；然而，若由專案管理人員（Project Manager、Product Manager）來撰寫，可能又缺乏足夠的技術深度。GitHub Copilot 不僅能幫助開發者撰寫程式碼，還能自動生成各

類文件，包括 API 文件、技術文件、README 檔案、註解與報告等。這不僅提升了開發效率，也確保了文件的一致性與可讀性。本章節將示範如何透過 GitHub Copilot 來協助產生各類型專案文件，讓您在此基礎上進行篩選與精簡，最終保留實用資訊，大幅節省人力與時間。

程式碼說明文件 – 註解

　　GitHub Copilot 可以快速協助使用者產生程式碼說明註解，在編輯器內使用快捷鍵 Ctrl + I 開啟內嵌聊天 (Quick Chat)，提示詞使用 /doc 斜線命令，即會以註解方式產生出程式碼說明。

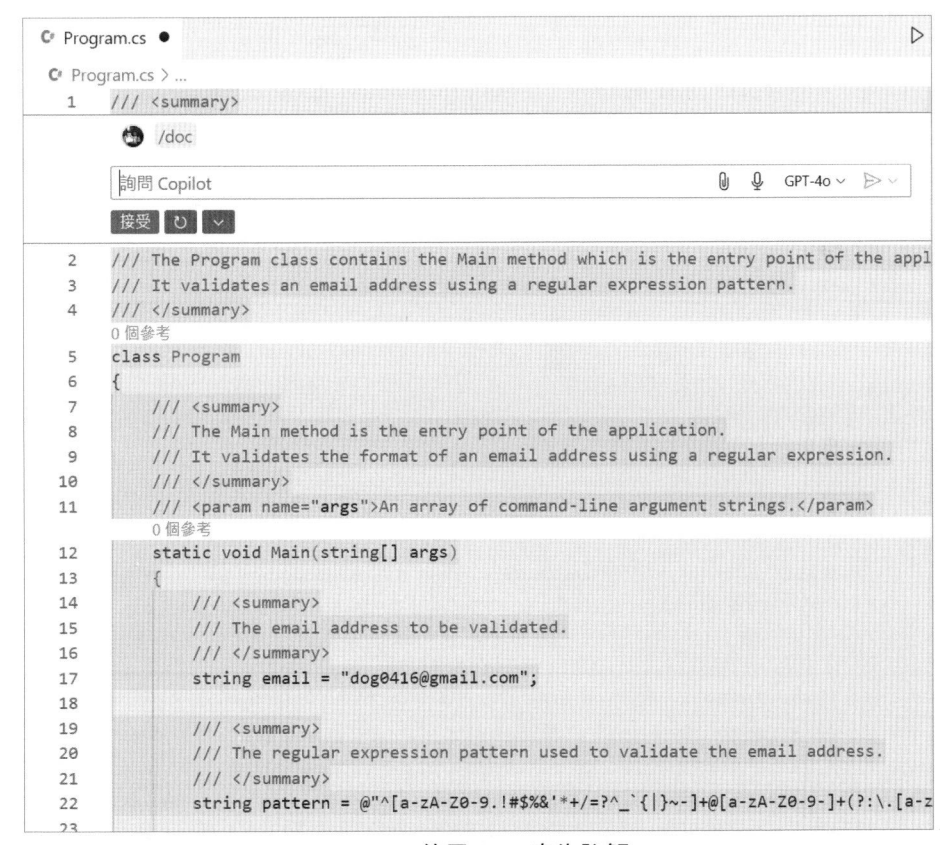

▲ 5-44 使用 /doc 產生註解

5-35

5 GitHub Copilot 各種使用案例

詳細的註解看似能幫助開發人員理解程式碼，但過多的註解反而會降低程式碼的可讀性。撰寫易於閱讀的程式至關重要，因為在開發過程中，工程師花費最多的時間不是撰寫程式，而是閱讀與理解程式碼。

良好的命名習慣能讓開發者迅速理解程式邏輯，並快速定位需要修改的程式區塊，同時減少對註解的依賴。這不僅提升了開發效率，也讓後續維護更加順暢。

此外，可讀性不僅對人重要，對 GitHub Copilot 也同樣關鍵。對開發者而言，清晰的程式碼提升理解力；對 Copilot 而言，明確的結構與命名則能讓其更準確地理解開發者的意圖，進而生成更貼近需求的程式碼建議。

建議可以對於可讀性較差的部分需要提供註解，選取該行程式碼並輸入提示詞：「@workspace #selection generate inline code documentation for the selected code」，以避免過多註解影響可讀性。

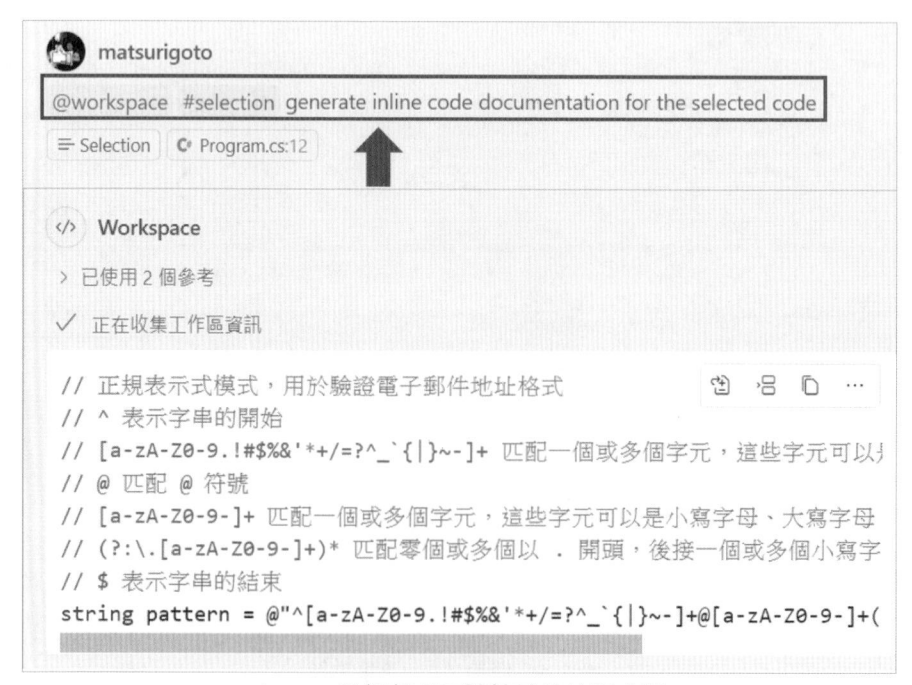

▲ 5-45 註解部分可讀性較差的程式碼

軟體相依性說明文件

相依性文件是用於定義與管理專案所需套件 (Library) 或程式庫 (Package) 的文件，確保專案能在不同環境中順利運行。這些文件詳細列出所有相依的軟體套件、版本，以及安裝方法，讓開發者、測試人員和部署環境能夠一致地安裝正確的套件。常見套件設定檔案如下

- Python：requirements.txt 與 pyproject.toml
- JavaScript (Node.js)：package.json 與 package-lock.json
- Java：pom.xml（Maven）與 build.gradle（Gradle）
- PHP：composer.json 與 composer.lock

當專案包含相依性文件時，即可使用 GitHub Copilot 自動生成相依性說明文件。以下圖為例，輸入提示詞：「為專案生成一份相依性說明文件，包含每一個套件的功能描述、版本與安裝方式。」

▲ 5-46 生成專案相依文件說明

5 GitHub Copilot 各種使用案例

GitHub Copilot 便會根據相依性文件，逐一列出各套件的功能說明、版本資訊與安裝指令，快速掌握專案所需的環境配置，無需手動撰寫，極為便利。

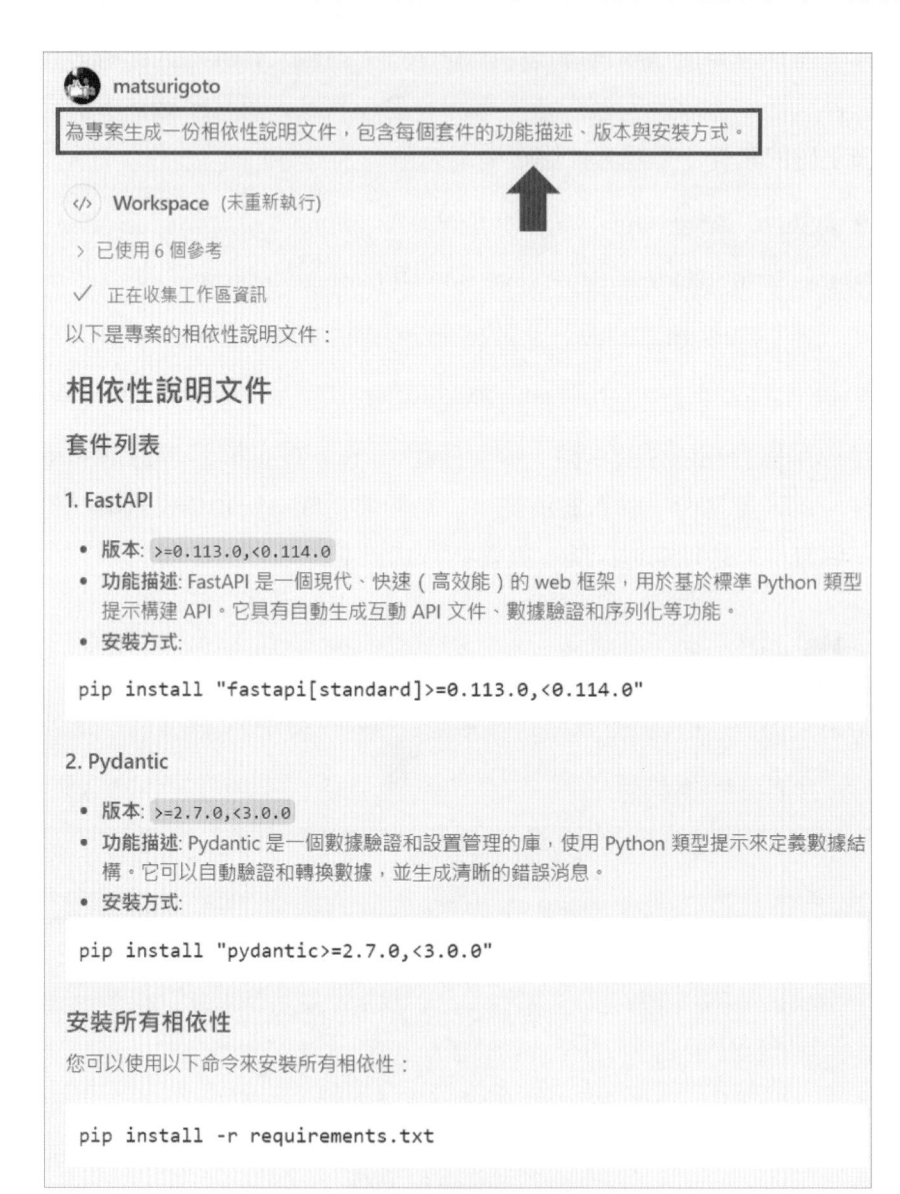

matsurigoto
為專案生成一份相依性說明文件，包含每個套件的功能描述、版本與安裝方式。

</> Workspace (未重新執行)
> 已使用 6 個參考
✓ 正在收集工作區資訊

以下是專案的相依性說明文件：

相依性說明文件

套件列表

1. FastAPI

- 版本：`>=0.113.0,<0.114.0`
- 功能描述：FastAPI 是一個現代、快速（高效能）的 web 框架，用於基於標準 Python 類型提示構建 API。它具有自動生成互動 API 文件、數據驗證和序列化等功能。
- 安裝方式：

```
pip install "fastapi[standard]>=0.113.0,<0.114.0"
```

2. Pydantic

- 版本：`>=2.7.0,<3.0.0`
- 功能描述：Pydantic 是一個數據驗證和設置管理的庫，使用 Python 類型提示來定義數據結構。它可以自動驗證和轉換數據，並生成清晰的錯誤消息。
- 安裝方式：

```
pip install "pydantic>=2.7.0,<3.0.0"
```

安裝所有相依性

您可以使用以下命令來安裝所有相依性：

```
pip install -r requirements.txt
```

▲ 5-47 Copilot 產生的相依說明文件

標準開源許可證文件

GitHub Copilot 不僅能協助撰寫程式碼，也能幫助使用者產生標準的開源許可證，例如 MIT、GPL、Apache 2.0 等。以下是產生許可證的詳細步驟：

1. **建立 LICENSE 檔案**：在專案目錄中建立一個名為 LICENSE 的檔案。
2. **輸入提示詞生成許可證**：在檔案中輸入提示詞：「生成 MIT 許可證的 LICENSE 文件」
3. **修改版權資訊**：將許可證內容中的 [Your Name] 替換為您的姓名，並根據需要修改年份與專案名稱。

▲ 5-48 使用 Copilot 產生許可證

另一種方式是直接在 README.md 中產生許可證說明區塊。步驟如下：

1. 打開或建立 README.md 檔案。
2. 在檔案中輸入提示詞：「在 README.md 中生成開源許可證區塊，使用 Apache 2.0 許可證」
3. Copilot 會自動補全許可證區段，並附上開源條款的簡要說明與連結

5-39

5 GitHub Copilot 各種使用案例

```
ⓘ README.md U ●
ⓘ README.md > 🔲 ## 開源授權
  1    ## 開源授權
           🎤 在 README.md 中生成開源許可證區塊，使用 Apache 2.0 許可證   ◀━━ ①
           詢問 Copilot                                    📎 🎙  o1 (Preview) ∨  ▷ ∨
  ②▶  接受 ↻ ∨
  2
  3    本專案使用 [Apache License 2.0](https://www.apache.org/licenses/LICENSE-2.0)。
       詳細內容請參閱 LICENSE 檔案。
```

▲ 5-49 在 README.md 中產生許可證說明區塊

README.md 文件

README.md 是軟體專案中不可或缺的組成部分，尤其是在 GitHub 平台上託管的專案中更顯重要。這個文件通常是使用者和開發者了解專案目標、設定方式與使用情境的第一個接觸點。它不僅提供項目概覽，還能引導貢獻者參與開發，提升專案的可讀性與可維護性。

一個撰寫良好的 README 不僅可以讓專案在眾多專案中脫穎而出，還能有效吸引使用者與貢獻者，並為後續開發與維護打下堅實的基礎。因此，README 的品質應與專案本身一樣出色，清晰且結構良好。

GitHub Copilot 不僅能協助撰寫程式碼，也可以幫助生成 README 文件，包含以下常見且必要的內容：

1. **專案簡介**：簡要說明專案的目標與解決的問題。
2. **專案結構**：描述專案的檔案夾與檔案組織方式。
3. **安裝指南**：如何在本地環境中安裝並運行專案。
4. **相依性**：專案所需的軟體套件與版本。
5. **使用方式**：如何執行專案及範例指令。
6. **貢獻指南**：鼓勵其他開發者參與並提出改進建議。
7. **授權資訊**：專案的開源許可證。

產生說明文件

使用 GitHub Copilot 快速產生 README 文件,步驟如下:

1. **建立或開啟 README.md 檔案**
2. **輸入提示詞**:在編輯器內使用快捷鍵 Ctrl + I 開啟內嵌聊天 (Quick Chat),輸入提示詞:「生成一個 README.md 檔案,包含專案介紹、安裝步驟、相依性與使用方法」
3. **補充專案細節**:生成後,根據專案需求補充詳細資訊,如專案名稱、安裝步驟與執行指令

▲ 5-50 Copilot 產生 README 文件流程

在這一個 GitHub Copilot 生成範例中,並未包含貢獻指南與授權資訊,其主要原因在於提示詞不夠詳細。Copilot 生成的內容是根據使用者輸入的提示來決定的,因此,提示詞的完整性將直接影響生成結果的品質。

若要構建一個完整且符合需求的 README.md,使用者需要提供更具體的提示詞,明確列出所需的內容項目,包括專案介紹、安裝步驟、相依性、使用方法、貢獻指南與授權資訊等。

5-41

5 GitHub Copilot 各種使用案例

生成高品質的 README 文件，不僅依賴 GitHub Copilot 的能力，更仰賴使用者對 README 結構的理解與提示詞的撰寫精準度。透過清晰且詳細的提示，才能確保生成的 README 具備所有必要的專案資訊。

▶ 從現有 Web API 程式生成請求指令並執行網路測試

GitHub Copilot 在處理 Web API 相關任務時，能夠協助快速生成 GET/POST/PUT/DELETE Request，並提供相關的程式碼範例，使開發人員能更高效地進行測試或開發小工具。開啟 Web API 相關程式，並請求 GitHub Copilot 根據程式內容生成對應的指令，即可輕鬆完成開發工作。

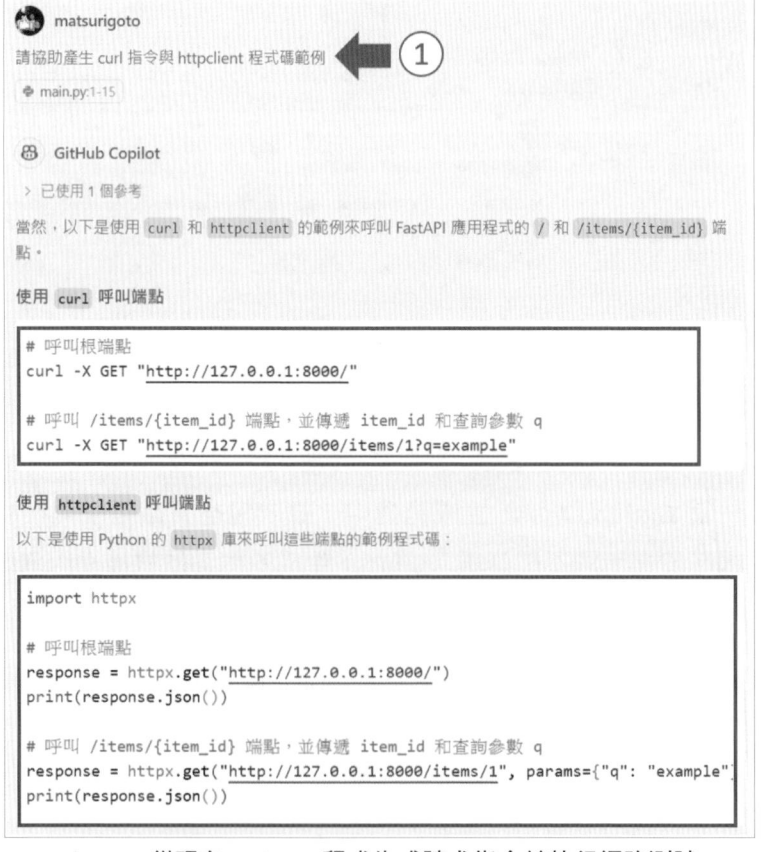

▲ 5-51 從現有 Web API 程式生成請求指令並執行網路測試

5-42

從現有 Web API 程式生成請求指令並執行網路測試

此外，企業內的資訊人員經常需要測試網路連線的通暢性，以確保系統正常運作。GitHub Copilot 不僅能即時提供適合的測試指令範例，還能依據具體需求生成如 ping、traceroute、curl 等常見的網路診斷指令。這些工具能協助迅速定位問題根源，無論是網路延遲、封鎖的連接埠，或是 DNS 解析異常，都能更快進行排查與修復，提高故障排除的效率。

```
GPT-4o ▼
```

> 協助生成 `curl` 指令，我需要測試通過 proxy，8080 port 是否有通，顯示出詳細資訊

以下是使用 `curl` 指令來測試是否能通過代理伺服器連接到目標伺服器的範例，並顯示詳細資訊：

```sh
curl -x http://proxy-server:8080 -v http://target-server
```

這個指令的參數說明如下：

- `-x http://proxy-server:8080`：指定代理伺服器的地址和端口號，請將 `proxy-server` 替換為您的代理伺服器的地址。
- `-v`：顯示詳細的連接過程和調試資訊。
- `http://target-server`：目標伺服器的地址，請將 `target-server` 替換為您要測試連接的目標伺服器地址。

例如，如果代理伺服器的地址是 `proxy.example.com`，端口號是 `8080`，且目標伺服器的地址是 `example.com`，指令如下：

```sh
curl -x http://proxy.example.com:8080 -v http://example.com
```

執行這個指令後，您將會看到詳細的連接資訊，包括請求和回應的頭資訊，這可以幫助您確認是否通過代理伺服器成功連接到目標伺服器。

▲ 5-52 網路測試指令範例

透過 Open API 描述檔案產生 WebAPI 應用程式

OpenAPI（原 Swagger 規範）是一種描述 RESTful API 的開放標準。使用 YAML 或 JSON 格式來定義 API 的 Endpoint、Request/Repsonse 格式、身份驗證方式等，使開發者能夠清楚地理解和測試 API。OpenAPI 有下列優點：

- **自動生成 API 文件**：透過 OpenAPI，可以為 API 提供清晰、可讀的文件，方便開發者與使用者理解 API 規範。
- **自動化測試**：與 Swagger UI 結合，可直接在瀏覽器中測試 API。
- **程式碼生成**：可從 OpenAPI 規範自動生成後端 API 代碼、客戶端 SDK 和測試腳本。
- **與 CI/CD 整合**：透過 OpenAPI，可以在 CI/CD 流程中自動測試 API 的一致性。

```json
{} swagger.json > {} paths
1   {
2     "openapi": "3.0.1",
3     "info": {
4       "title": "GitHubCopilotOpenAPIDemo",
5       "version": "1.0"
6     },
7     "paths": {
8       "/WeatherForecast": {
9         "get": {
10          "tags": [
11            "WeatherForecast"
12          ],
13          "operationId": "GetWeatherForecast",
14          "responses": {
15            "200": {
16              "description": "OK",
17              "content": {
18                "text/plain": {
19                  "schema": {
20                    "type": "array",
```

▲ 5-53 OpenAPI 檔案範例

透過 Open API 描述檔案產生 WebAPI 應用程式

過去，基於 API 的服務通常會使用 OpenAPI 檔案作為標準交流格式。例如，Swagger（提供多種功能，幫助開發者管理與測試 API）以及 Azure API Management，都能透過 OpenAPI 規範快速取得 API 規格，避免開發人員重複撰寫程式碼，提高開發效率。

▲ 5-54 啟用 OpenAPI 支援

理所當然，我們也可以透過這類標準規格的檔案，請 GitHub Copilot 來自動產生 Web API 的程式碼。過去，當開發人員撰寫新的 API 時，往往需要手動處理許多繁瑣的設定，例如 API 路徑（Path）、HTTP 動詞（Verb/Method）、請求 / 回應（Request/Response）物件、標頭（Header）物件 等。雖然這些工作不難，但卻相當耗時。

透過 GitHub Copilot，我們可以自動生成 C#、Java、Golang 等語言的 API 程式碼，開發人員只需審核並適當調整，大幅減少手動編寫的時間。接下來，

5 GitHub Copilot 各種使用案例

我們將示範如何使用 OpenAPI 規範檔案 來直接生成 ASP.NET Core Web API 應用程式。

步驟 1. 我們首先將 OpenAPI 檔案（如下圖 Swagger.json）加入 GitHub Copilot Edits 作為參考，並輸入適當的提示詞：

請產生 ASP.NET Core WebAPI 應用程式完整專案

1. 包含 csproj 檔案
2. WEBAPI 所需要 package

▲ 5-55 請 Copilot 產生完整專案

5-46

透過 Open API 描述檔案產生 WebAPI 應用程式

步驟 2. GitHub Copilot Edits 自動生成相關檔案與程式碼。逐一審核無誤後同意內容並儲存檔案。

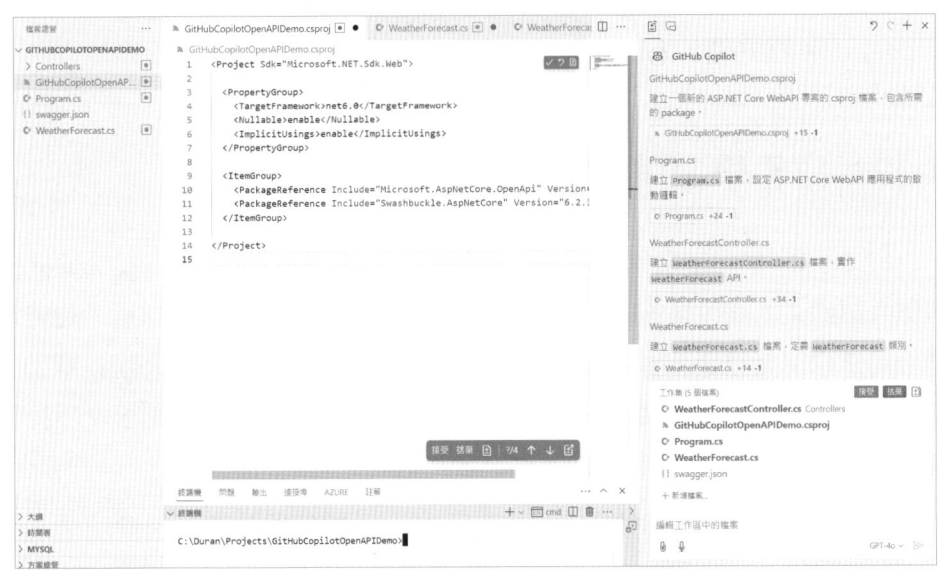

▲ 5-56 審核檔案與程式碼無誤後同意

步驟 3. 開啟終端機，輸入指令 dotnet run，確認專案可以執行。

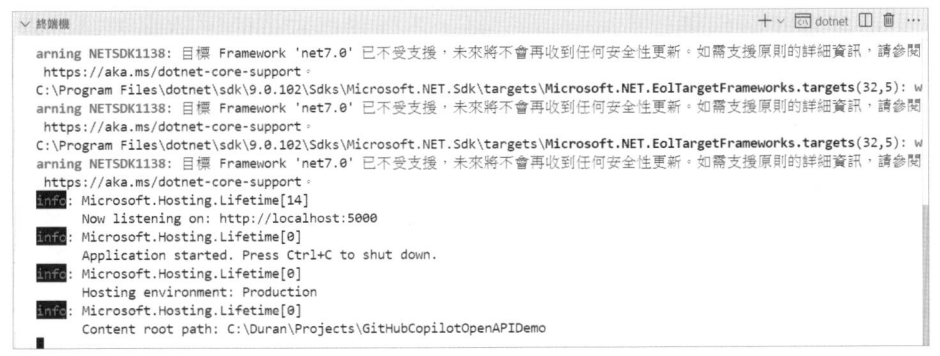

▲ 5-57 確定專案可以執行

注意：生成專案並自動引用套件容易有相依性問題，多數不會一氣呵成。適時的調整套件確保符合專案需求。

5　GitHub Copilot 各種使用案例

本範例完整展示了如何建立一個 ASP.NET Core Web API 應用程式。在日常開發中，開發人員通常需要對現有專案的 Web API 進行增修。透過類似的方法，可以從既有專案自動生成 資料傳輸物件（Data Transfer Object，DTO）及 Controller 程式碼，大幅減少手動處理的繁瑣工作，提高開發效率。

▶ 程式語言學習與轉換

從 GitHub 官方統計資料得知，經驗較少的開發者能從 GitHub Copilot 獲得更大幫助。由此可見，GitHub Copilot 除了能輔助開發撰寫程式碼，也非常適合用來學習新技術。對於需要學習新語言的開發人員，Copilot 可以幫助理解語言間的對應關係，降低學習曲線，加快適應新技術環境的速度。下列是使用 GitHub Copilot 學習程式語言與轉換好處：

1. **語法與結構適應性**：GitHub Copilot 能夠理解不同程式語言的語法與結構，並將邏輯正確地轉換為目標語言。

2. **跨語言對應能力**：GitHub Copilot 不僅能進行語法層面的轉換，還能識別不同語言中的常見的 Function、Package 或 Framework。

3. **語意理解與優化**：GitHub Copilot 不僅是單純的語法翻譯工具，還能理解程式碼的邏輯，並在轉換過程中盡可優化程式碼，使其更符合目標語言風格。

4. **自動完成與錯誤修正**：在轉換過程中，GitHub Copilot 能即時提供完成建議，並針對語言間的差異給出修正方案，降低語法錯誤與執行時錯誤的可能性。

過往要進行程式語言轉換的情況並不多，除了考量到既有服務不能中斷，還需要考慮龐大轉換成本與風險。GitHub Copilot 對於**跨語言開發者**或**需要遷移舊系統的團隊**來說，確實能夠大幅減少手動轉換的時間，同時確保代碼的可讀性與正確性，特別是在轉換小型函式、常見語法與標準庫時效果良

好。然而，對於大型專案、框架相關的轉換，或涉及設計模式的程式碼，仍需要開發者手動調整與驗證。下列是一些可能的限制：

1. **複雜架構與語意差異**：Copilot 無法完全理解某些語言特定的設計模式。例如，Python 的動態類型和 Java 的靜態類型在轉換時可能需要額外處理型別與物件初始化。
2. **框架與套件相依處理**：Copilot 可以轉換標準語法，但若涉及特定框架則可能無法精準映射對應的函式與設定。
3. **最佳實踐可能不同**：即使語法轉換正確，不同語言有不同的最佳實踐。

接下來，我們將提供一些程式語言轉換範例

範例 1：WebAPI 應用程式轉換 (Python 轉換 Node)

我們使用一個簡單的 Python 搭配 FastAPI，請 GitHub Copilot 轉換成 Node.js 搭配 Express。開啟 main.py 並輸入提示詞：「轉換成 NodeJS (Express)」。

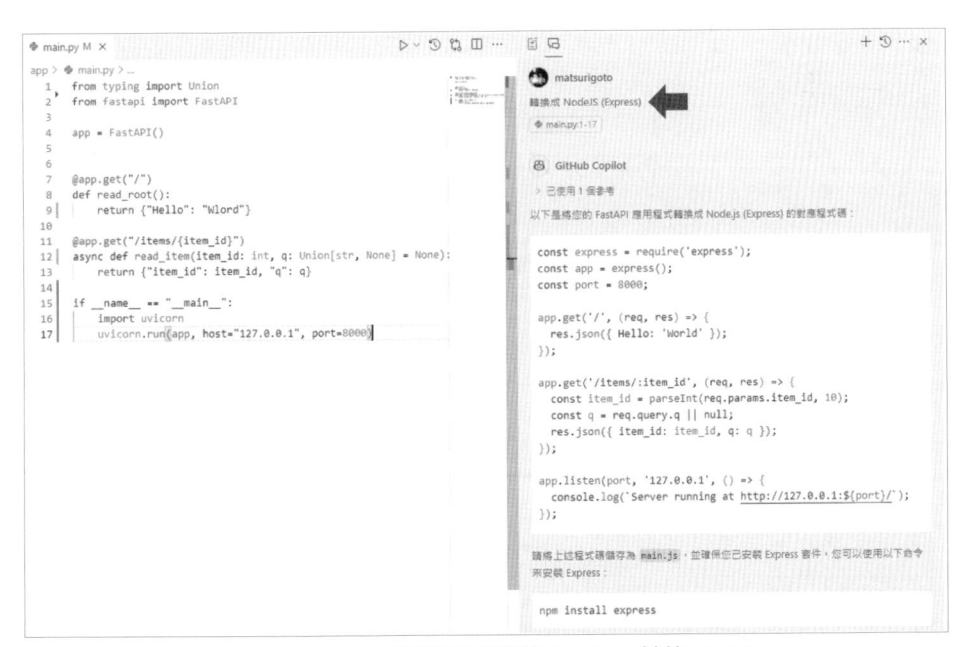

▲ 5-58 WebAPI 應用程式轉換 (Python 轉換 Node)

5 GitHub Copilot 各種使用案例

由上圖所示，GitHub Copilot 提供了相對應 Node.js 程式，我們可以觀察到幾個轉換要點：

- @app.get() 轉為 app.get()
- async def 轉換為 async (req, res) => {}
- FastAPI 物件初始化變更為 Express 伺服器設定
- 使用 res.json() 取代 return

後續也提醒使用者需要安裝 Express 套件與執行指令。

```
請將上述程式碼儲存為 main.js，並確保您已安裝 Express 套件。您可以使用以下命令
來安裝 Express：

npm install express

然後，您可以使用以下命令來啟動伺服器：

node main.js
```

▲ 5-59 提醒使用者安裝套件

經過簡單測試，可以正常執行無誤。雖然為簡單的範例，但對於原為 Python 開發人員學習使用 NodeJS 的學習成本。

```
JS app.js
my-nodejs-express-app > src > JS app.js > ...
  1  const express = require('express');
  2  const app = express();
  3  const port = 8000;
  4
  5  app.get('/', (req, res) => {
  6    res.json({ Hello: 'World' });
  7  });
  8
  9  app.get('/items/:item_id', (req, res) => {
 10    const item_id = parseInt(req.params.item_id, 10);
 11    const q = req.query.q || null;
 12    res.json({ item_id: item_id, q: q });
 13  });
 14
 15  app.listen(port, '127.0.0.1', () => {
 16    console.log(`Server running at http://127.0.0.1:${port}/`);
 17  });
```

```
E:\Projects\azure-app-service-demo-node-express\my-nodejs-express-app>node src/app.js
Server running at http://127.0.0.1:8000/
```

▲ 5-60 測試轉換後程式

範例 2：Lambda 表達式轉換 (Java 轉換 C#)

我們使用一個簡單的 Java 搭配 Java Streams，請 GitHub Copilot 轉換成 C# 搭配 Linq。輸入提示詞：「轉換成 C#」。

5 GitHub Copilot 各種使用案例

▲ 5-61 Java 轉換 C#

Java 程式碼：

```
1.   import java.util.List;
2.   import java.util.stream.Collectors;
3.
4.   public class LambdaExample {
5.       public static void main(String[] args) {
6.           List<String> names = List.of("Alice", "Bob", "Charlie");
7.           List<String> filteredNames = names.stream()
8.                                   .filter(name -> name.startsWith("A"))
9.                                   .collect(Collectors.toList());
10.
11.          filteredNames.forEach(System.out::println);
12.      }
13.  }
```

C# 程式碼

```csharp
using System;
using System.Collections.Generic;
using System.Linq;

public class LambdaExample
{
    public static void Main(string[] args)
    {
        List<string> names = new List<string> { "Alice", "Bob", "Charlie" };
        List<string> filteredNames = names.Where(name => name.StartsWith("A")).ToList();

        filteredNames.ForEach(Console.WriteLine);
    }
}
```

由上面兩個程式碼可以看出幾個轉換要點

- stream().filter() → .Where()

- collect(Collectors.toList()) → .ToList()

- .forEach(System.out::println) → .ForEach(Console.WriteLine)

經過簡單測試，可以正常執行無誤。雖然為簡單的範例，但對於原為 Java 開發人員學習使用 C# 與 Linq 的學習成本。

5　GitHub Copilot 各種使用案例

```
C# Program.cs X
github-copilot-csharp-console-app > C# Program.cs > ⚡ LambdaExample > ⚡ Main
  1    using System;
  2    using System.Collections.Generic;
  3    using System.Linq;
  4
       0 個參考
  5    public class LambdaExample
  6    {
           0 個參考
  7        public static void Main(string[] args)
  8        {
  9            List<string> names = new List<string> { "Alice", "Bob", "Charlie" };
 10            List<string> filteredNames = names.Where(name => name.StartsWith("A")).ToList();
 11
 12            filteredNames.ForEach(Console.WriteLine);
 13        }
 14    }
```

終端機　問題　輸出　連接埠　AZURE　註解

∨ 偵錯主控台

您僅能將 Microsoft Visual Studio .NET/C/C++ 偵錯工具 (vsdbg) 與 Visual
Studio Code、Visual Studio 或 Visual Studio for Mac
軟體搭配使用，以協助您開發和測試您的應用程式。

Alice
程式 '[11101] github-copilot-csharp-console-app.exe' 已結束，代碼 0 (0x0)。

▲ 5-62　測試轉換後程式

▶ 透過 Mermaid 延伸模組產生圖表

Mermaid 使用一種簡單的語法來描述圖表結構，並能夠在支援的環境（如 Markdown 編輯器、GitHub、Notion、Obsidian、Typora 等）中自動渲染圖表。例如，在 GitHub 儲存庫內的 Markdown 文件中嵌入 Mermaid 圖表，並讓它自動轉換為可視化的圖形。

Mermaid 也釋出 Copilot 延伸模組，您可以在 GitHub Copilot Chat 內透過聊天參與者 (@mermaid-chart) 方式與它互動，@mermaid-chart 能回覆 Mermaid 相關問題並提供生成圖表服務。常見使用方式如下：

- 你支援哪些圖表類型？
- 你能解釋在 ER 圖中 UK、FK 和 PK 的含義嗎？
- 如何更改圖表的主題？

透過 Mermaid 延伸模組產生圖表

- 在流程圖中，菱形節點的語法是什麼？
- 如何在甘特圖中使用美式日期格式（MM/DD/YYYY）？
- 你能為我的 GitHub Action 文件建立流程圖嗎？
- 請根據選定的類別建立類別圖。
- 將這個 SQL 文件的數據庫架構可視化。
- 請為當前打開的文件建立心智圖（Mindmap）。
- 請從這個 .csv 文件建立一個圓餅圖。

在 GitHub Marketplace 內 Copilot 類別中找到 Mermaid Chat 延伸模組，安裝完成後，即可以在 GitHub Copilot Chat（包含 GitHub 網站、Visual Studio Code…等，有 GitHub Copilot Chat 的整合開發環境) 使用。

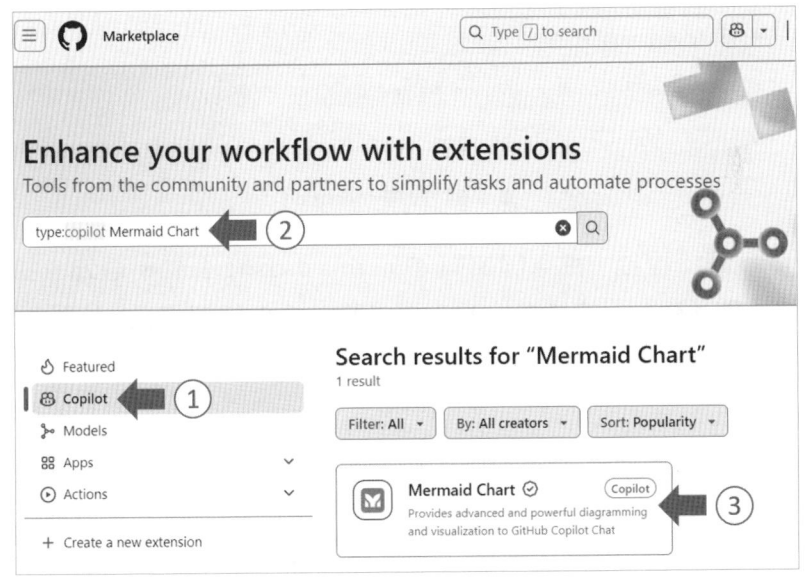

▲ 5-63 安裝 Mermaid Chat 延伸模組

安裝完成後，待資料同步後即可在 Visual Studio Code 內 GitHub Copilot Chat 找到聊天與會者 @mermaid-chart。第一次使用需要授權 mermaid，請依據瀏覽器上指示完成授權與註冊流程。

5-55

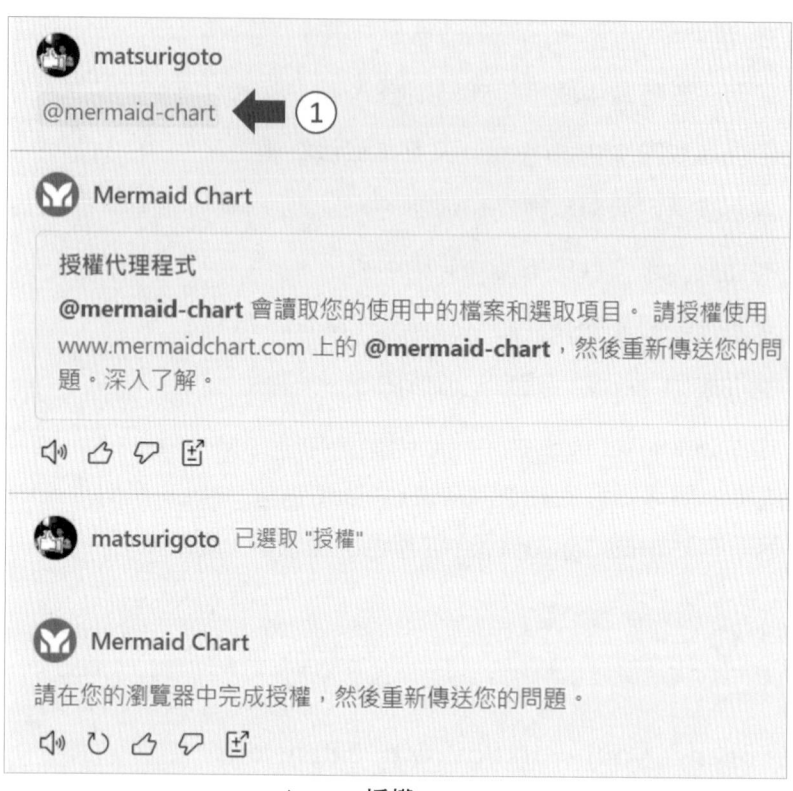

5 GitHub Copilot 各種使用案例

```
matsurigoto
@mermaid-chart  ← ①

Mermaid Chart
授權代理程式
@mermaid-chart 會讀取您的使用中的檔案和選取項目。請授權使用
www.mermaidchart.com 上的 @mermaid-chart，然後重新傳送您的問
題。深入了解。

matsurigoto  已選取 "授權"

Mermaid Chart
請在您的瀏覽器中完成授權，然後重新傳送您的問題。
```

▲ 5-64 授權 mermaid

完成授權流程後，即可開始與 @mermaid-chart 互動。首先，我們先詢問關於資料庫相關 ER 圖問題。輸入提示詞：「你能解釋在 ER 圖中 UK、FK 和 PK 的含義嗎？」，其結果如下圖：

透過 Mermaid 延伸模組產生圖表

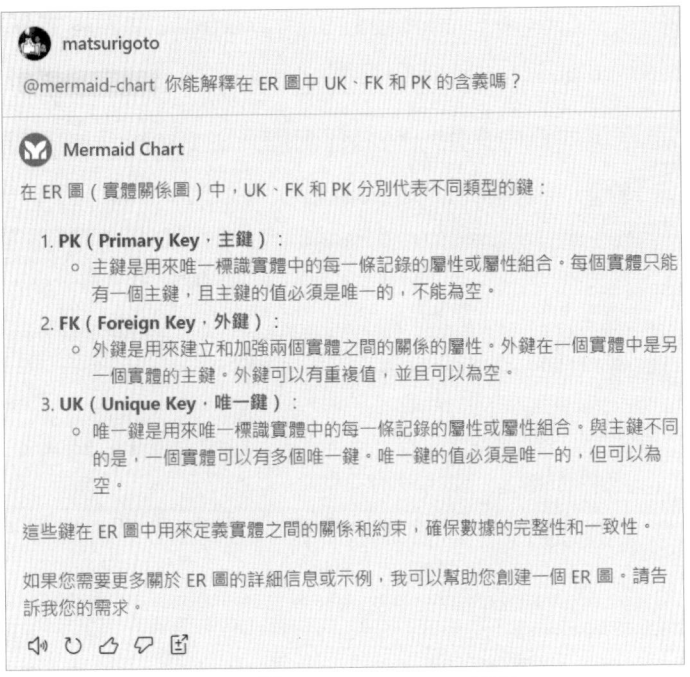

▲ 5-65 與 @mermaid-chart 互動

接下來，我們以 GitHub Action 建立流程圖為例，加入工作區內的 ci.yml 檔案做為內容連結，並輸入提示詞「你能為我的 GitHub Action 文件建立流程圖嗎？」。

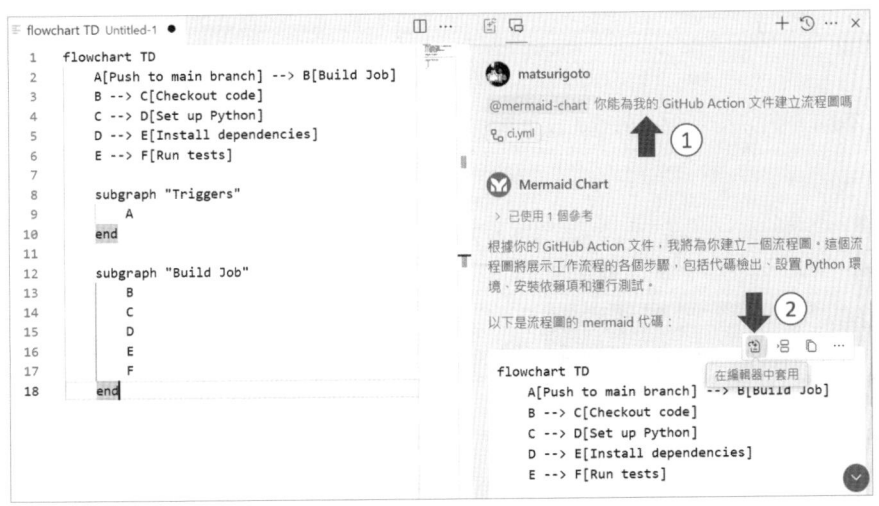

▲ 5-66 使用 @mermaid-chart 建立流程圖

5-57

5　GitHub Copilot 各種使用案例

如上圖所示，GitHub Copilot 自動生成 Mermaid 圖表程式碼。能將生成內容放上 Mermaid playground 或有支援 Mermaid 環境，即可以檢視圖表。

我們點選在編輯器內套用，將內容前加入 ```mermaid，後加入 ```，調整後如下圖，另存為 markdown(.md) 檔案。

```
1.   ```mermaid
2.   flowchart TD
3.       A[Push to main branch] --> B[Build Job]
4.       B --> C[Checkout code]
5.       C --> D[Set up Python]
6.       D --> E[Install dependencies]
7.       E --> F[Run tests]
8.   
9.       subgraph "Triggers"
10.          A
11.      end
12.  
13.      subgraph "Build Job"
14.          B
15.          C
16.          D
17.          E
18.          F
19.      end
20.  ```
```

接下來我們安裝 Markdown Preview Mermaid Support 延伸模組。

▲ 5-67　安裝 Markdown Preview Mermaid Support 延伸模組

5-58

透過 Mermaid 延伸模組產生圖表

完成後，我們開啟檔案並開啟 markdown 預覽，即可檢視其生成的流程圖。

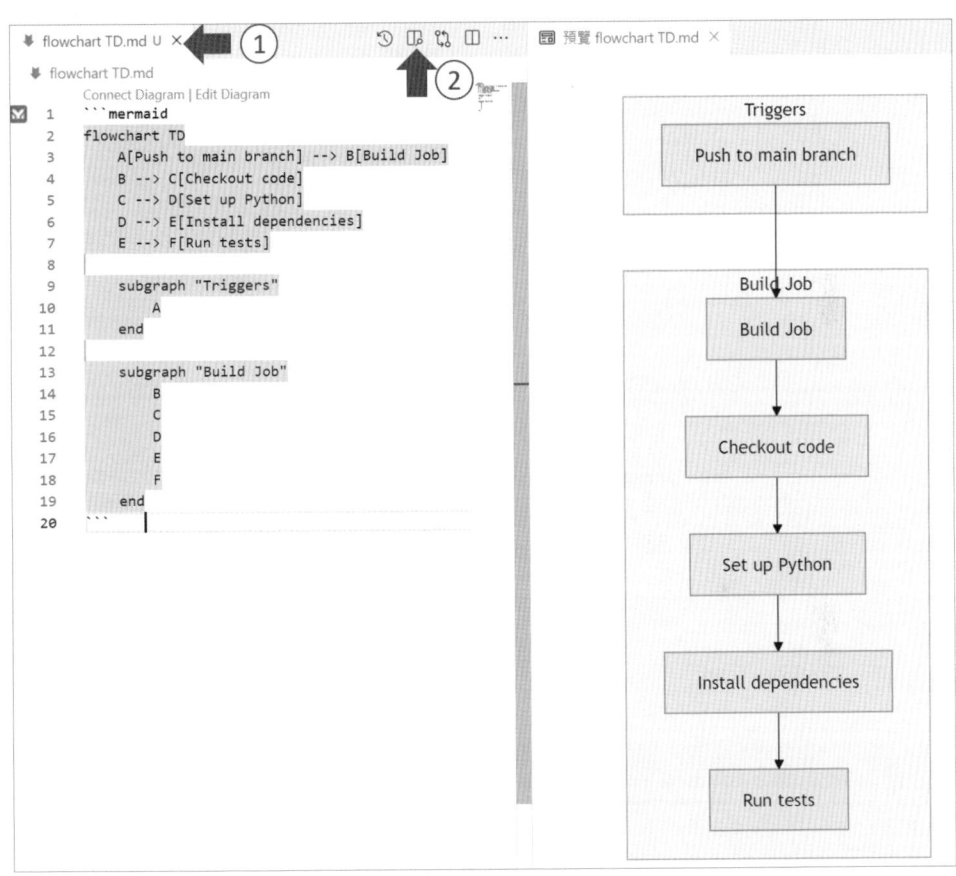

▲ 5-68 檢視流程圖

5 GitHub Copilot 各種使用案例

6

GitHub Copilot 與 DevOps 整合應用

- GitHub Copilot 與 DevOps
- 善用 GitHub Copilot 生成與學習 Dockerfile 與 docker-compose.yml
- 自動產生 Commit Message
- 自訂 GitHub Copilot 指令
- 自動產生 Pull Request Summary
- 持續整合與持續交付自動化工作流程
- 生成 Kubernetes 描述檔案 (GitOps & Helm Chart)
- GitHub Copilot Code Review (Preview)
- GitHub Copilot AutoFix (Preview)

6 GitHub Copilot 與 DevOps 整合應用

▶ GitHub Copilot 與 DevOps

許多使用者可能仍將 GitHub Copilot 視為單純的程式碼撰寫輔助工具，但實際上，GitHub Copilot 正逐步影響整個 DevOps 流程。無論處於 DevOps 的哪個階段，都能看到 AI 輔助的身影。接下來，我們將簡要整理 GitHub Copilot 在 DevOps 流程中的應用場景。

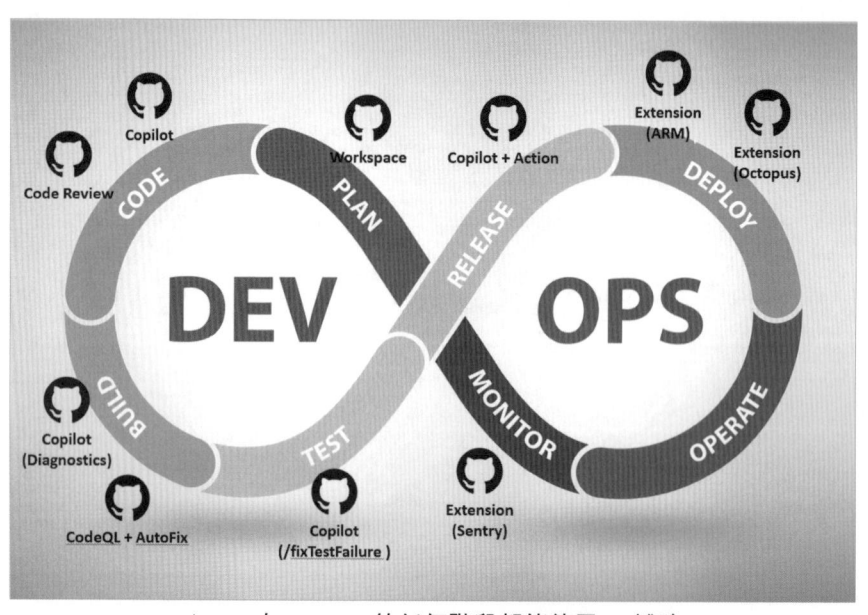

▲ 6-1 在 DevOps 的任何階段都能使用 AI 輔助

1. **計畫 (Plan)**
   - 需求規劃，透過 Copilot 搭配大型語言模型協助我們產生規格
   - 相關服務：GitHub Workspace
2. **開發 (Development)**
   - 依據規格生成程式碼、容器設定檔案
   - 版本管理自動產生提交訊息與 Pull Request 摘要

- 審核程式碼 GitHub Code Review
- 相關服務：GitHub Copilot、GitHub Code Review

3. 建置 (Build)
   - 產生 Build Pipeline YAML，執行建置、測試、安全掃描工作
   - 收集錯誤資訊並修正 YAML 檔案
   - 相關服務：GitHub Copilot、GitHub AutoFix、GitHub Copilot Extension

4. 佈署 (Release)
   - Release Pipeline YAML、執行佈署
   - 收集錯誤並修正 Kubernetes YAML (GitOps)
   - 相關服務：GitHub Copilot、GitHub Copilot Extension

5. 維運 (Operator)
   - 產生自動化流程、執行 Operation
   - 相關服務：GitHub Copilot、GitHub Copilot Extension

6. 監控 (Monitor)
   - 監控基礎設施整合，即時監控問題並生成 Issue
   - 回到計畫產生規格與修正程式碼，自動或半自動修復方式修復程式
   - 服務：GitHub Copilot Extension

一切看起來似乎理所當然，或許在未來，DevOps 流程的全程自動化將成為標準配置，大幅減少人工作業。然而，使用者仍需具備更多知識與技能，才能有效駕馭 GitHub Copilot。接下來的章節，我們將逐步介紹 GitHub Copilot 在 DevOps 流程中的相關功能。

6 GitHub Copilot 與 DevOps 整合應用

▶ 善用 GitHub Copilot 生成與學習 Dockerfile 與 docker-compose.yml

根據過去擔任企業講師與大學業師講師經驗，授課過程中**最常被問到**的問題之一是：「如何有效學習 Dockerfile 與 docker-compose.yml 的撰寫？」

這些容器腳本是 Docker 環境中不可或缺的核心組成部分，負責描述如**何構建容器及協調多個服務的運行**。在傳統的學習方式中，通常建議學習者先理解每個指令的作用，再透過 GitHub 開源專案中查詢實際用法，並不斷地進行實作練習以熟悉其撰寫邏輯。

然而，隨著開發工具的進步，現在可以透過 GitHub Copilot 快速生成 Dockerfile 與 docker-compose.yml，大幅簡化了學習與開發的過程。Copilot 不僅提升了編寫效率，也將學習曲線變得更加平緩，讓初學者能**邊寫邊學**，在實作中理解容器配置的最佳實踐。以下將介紹如何善用 GitHub Copilot，讓學習 Dockerfile 與 docker-compose.yml 更加高效且直觀。

即時提示與自動完成方式建議：

當輸入指令時，Copilot 會根據上下文提供適當的建議，並解釋每個指令的作用及最佳實踐。這種即時反饋讓初學者能夠**快速理解**每個配置的意圖，而無需反覆查閱官方文件。

範例： 當輸入 FROM python:3.9 時，GitHub Copilot 會自動建議 Image 版本，避免輸入錯誤。

善用 GitHub Copilot 生成與學習 Dockerfile 與 docker-compose.yml

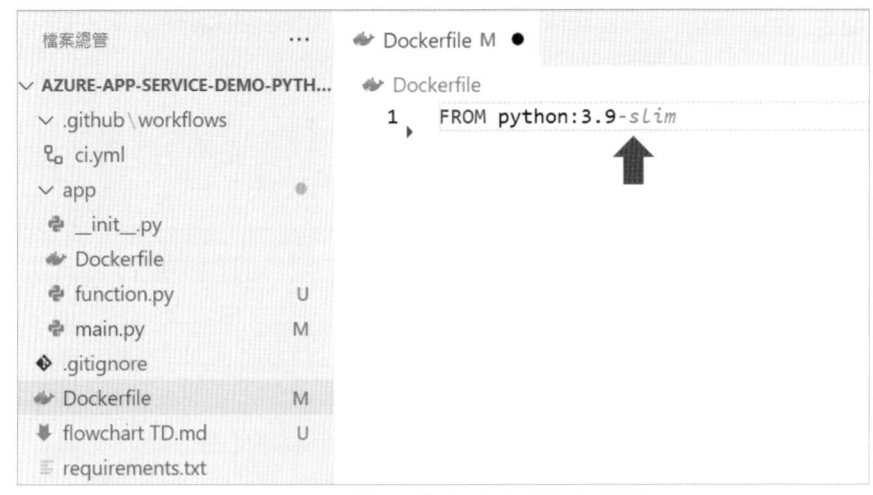

▲ 6-2 即時提示與自動完成方式建議

錯誤修正與最佳化建議：

如果 Dockerfile 或 docker-compose.yml 中存在**語法錯誤**或**潛在問題**，Copilot 會提供**修正建議**，幫助使用者快速排除錯誤並遵循最佳實踐，顯著減少除錯時間。您可以透過【修正】或【檢閱並認可】功能協助進行錯誤修正與最佳化建議。

▲ 6-3 錯誤修正與最佳化建議

6-5

6 GitHub Copilot 與 DevOps 整合應用

範例：若忘記在 Dockerfile 中加入 WORKDIR，Copilot 會建議補上該指令，以確保容器內的操作目錄正確。

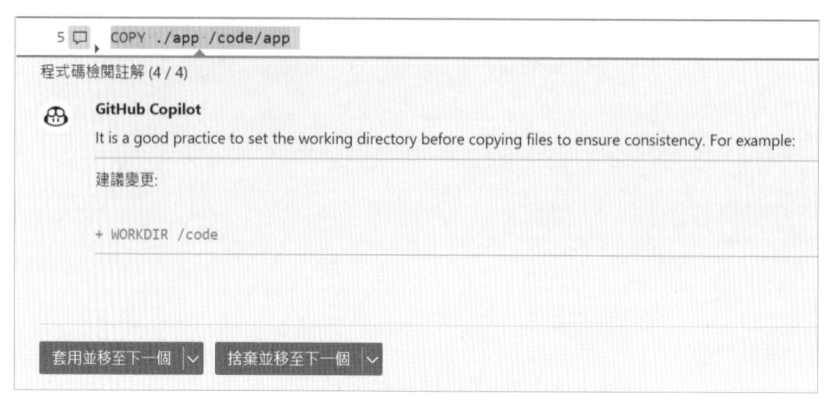

▲ 6-4 Copilot 建議指令

生成教學範例：

透過簡單的提示詞，Copilot 可以產生各種情境的 Dockerfile 與 docker-compose.yml 範例，讓初學者了解不同場景下的應用方式，從基礎環境構建到多容器協作的複雜部署都能輕鬆實現。

範例：輸入提示詞：「生成一個 Dockerfile，使用 Node.js 18，並包含安裝 npm 套件的步驟」。

善用 GitHub Copilot 生成與學習 Dockerfile 與 docker-compose.yml

> **matsurigoto**
> 生成一個 Dockerfile，使用 Node.js 18，並包含安裝 npm 套件的步驟 ← ①
>
> **GitHub Copilot**
> 以下是一個使用 Node.js 18 的 Dockerfile，並包含安裝 npm 套件的步驟：
>
> ```dockerfile
> # 使用 Node.js 18 作為基礎映像
> FROM node:18
>
> # 設定工作目錄
> WORKDIR /app
>
> # 複製 package.json 和 package-lock.json（如果有的話）
> COPY package*.json ./
>
> # 安裝 npm 套件
> RUN npm install
>
> # 複製應用程式的所有檔案到工作目錄
> COPY . .
>
> # 暴露應用程式運行的端口（假設應用程式運行在端口3000）
> EXPOSE 3000
>
> # 啟動應用程式
> CMD ["npm", "start"]
> ```
>
> 將這個 Dockerfile 放在你的專案根目錄中，然後你可以使用以下命令來建構和運行 Docker 映像：
>
> ```
> docker build -t your-app-name .
> docker run -p 3000:3000 your-app-name
> ```
>
> 請確保將 `your-app-name` 替換為你的應用程式名稱。

▲ 6-5 生成教學範例

簡化環境搭建與部署：

Copilot 生成的設定檔可**直接用於構建與啟動容器**，讓初學者能更快速地搭建開發環境，並即時查看執行結果，達到**即學即用**的效果。

6 GitHub Copilot 與 DevOps 整合應用

範例提示：輸入提示詞：「生成一個 docker-compose.yml，啟動一個包含 PostgreSQL 與 Adminer 的開發環境」。

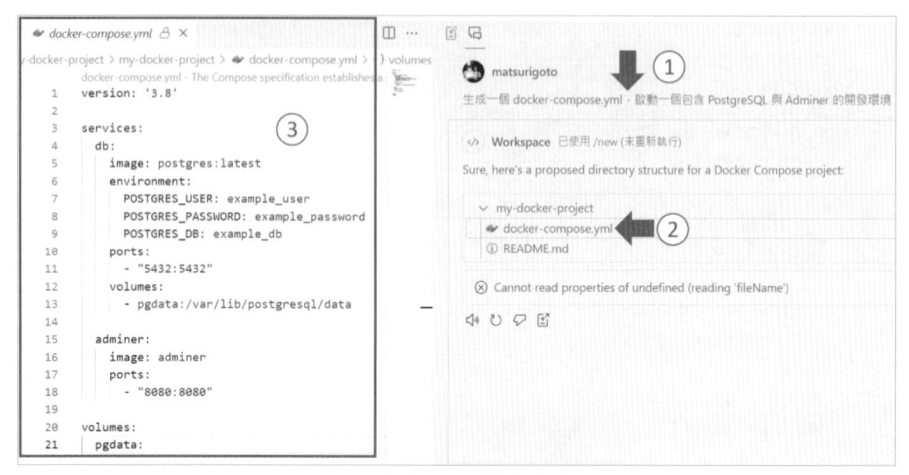

▲ 6-6 簡化環境搭建與部署

傳統的 Dockerfile 與 docker-compose.yml 學習方式，往往需要大量閱讀官方文件與反覆實作練習，才能逐步熟悉。但隨著 GitHub Copilot 的出現，學習與開發流程變得更高效。

功能	傳統學習法	GitHub Copilot
學習方式	閱讀文件 + 手動撰寫	提示輸入 + 自動生成
指令理解	需自行查閱官方文件	即時顯示指令功能與最佳實踐
錯誤排查	手動除錯，需參考官方文件與社群解答	自動偵測語法錯誤並提供修正建議
環境搭建	需自行撰寫設定檔並反覆測試	生成可直接執行的 Dockerfile 與配置檔
教學範例	需搜尋開源專案或參考官方範例	根據提示生成各類實用範例

GitHub Copilot 不僅能快速生成符合專案需求的設定檔，還能**即時解釋每個指令的作用**，並在**發現錯誤時提供修正建議**。這種**互動式的學習體驗**，讓初學者能夠在實作中逐漸掌握 Docker 環境的核心概念，進一步提升實戰能力。

在學習 Docker 生態的過程中，GitHub Copilot 不只是開發助手，更是**強大的學習夥伴**，幫助開發者從入門邁向熟練，輕鬆掌握 Dockerfile 與 docker-compose.yml 的撰寫之道！

▶ 自動產生 Commit Message

在使用 GitHub Copilot 自動生成 Commit Message 之前，了解 Git Commit 的最佳實踐有助於提升專案的可讀性與維護性。以下是幾項撰寫良好 Commit Message 的基本原則：

1. **撰寫清晰的 Commit Message**：Commit Message 應簡明扼要地描述變更內容，讓團隊成員能快速理解該次提交的目的。
2. **經常 Commit**：將變更拆分為小型且具體的提交，避免一次性提交大量修改，這樣在追蹤歷史紀錄或進行除錯時更加方便。
3. **Commit 與功能相關的變更**：每次 Commit 應專注於單一功能或修正，避免將多個不相關的變更混合在一個提交中。
4. **避免 Commit 半成品**：在程式尚未完成、無法正常運作的情況下，應避免進行 Commit，除非是為了進一步協作或存檔。

簡單來說，當一個小型變更完成且程式能正常運作時，即可建立一個 Commit。此時使用 GitHub Copilot 自動生成 Commit Message 不僅能節省時間，還能確保訊息的品質，避免過於冗長、與功能無關，或描述不完整的情況發生。

6 GitHub Copilot 與 DevOps 整合應用

使用自動生成功能相當簡單。在 Git 提交介面中，點擊自動生成按鈕，GitHub Copilot 便會根據變更內容生成合適的 Commit Message。接著，資訊人員只需檢視建議的訊息，確認無誤後即可提交。透過這種方式，不僅能保持 Commit 紀錄的整潔，還能讓專案的歷史變更更加清晰、易於追蹤。

▲ 6-7 自動生成 Commit Message

透過 GitHub Copilot 自動生成 Commit Message 時，雖然能夠大幅提升效率，但仍需注意生成內容的正確性。Copilot 可能因誤判變更內容而產生「幻覺」，導致 Commit Message 不完全符合實際的程式變更，甚至包含不正確或誤導性的資訊。

為了避免此類問題，無論生成的訊息看起來多麼合理，謹慎的審核仍然是必要的。在提交前，請仔細檢查以下幾個重點：

1. 變更描述是否準確

    確認 Commit Message 是否清楚且正確地反映了程式碼變更的內容與意圖。

2. 避免過於籠統或不相關的訊息

    確保生成的訊息不包含與功能無關的敘述，並避免使用模糊的字眼，如「更新檔案」或「修復錯誤」，而未說明具體細節。

3. 保持一致的訊息風格

    依據專案的 Commit Message 規範（如 Conventional Commits）進行審查，以確保風格一致且易於理解。

4. 最終確認後再提交

    在提交之前，務必檢視變更紀錄 (git diff) 並比對生成的訊息，確認兩者內容相符且無誤。

▶ 自訂 GitHub Copilot 指令

透過提供 團隊的工作流程、工具或專案細節 來增強 Copilot 的聊天回應。與其在每次查詢時手動輸入這些上下文資訊，可以嘗試建立一個 自訂指令檔案，讓 GitHub Copilot 自動在每次聊天請求時引入這些資訊。

可設定的自訂指令類型

1. 產生程式碼的指令（Code-generation instructions）
    - 針對程式碼生成提供特定的上下文資訊。

- 例如，可以指定：
  - ◆ 所有私有變數 都應該以 底線 _ 作為前綴。
  - ◆ 單例模式（Singleton） 應該按照特定方式實作。
- 設定識別名稱：github.copilot.chat.codeGeneration.instructions

2. 產生測試的指令（Test-generation instructions）
- 針對**測試生成**提供特定的上下文資訊。
- 例如，可以指定：
  - ◆ 所有測試都應該使用**特定的測試框架**（如 Jest、pytest）。
- 設定識別名稱：github.copilot.chat.testGeneration.instructions

3. 程式碼審查的指令（Code review instructions）
- 針對**程式碼審查**提供特定的上下文資訊。
- 例如，可以指定：
  - ◆ 審查時應優先關注特定類型的錯誤（如 記憶體洩漏 或 SQL 注入）。
- 設定識別名稱：github.copilot.chat.reviewSelection.instructions

4. 提交訊息生成的指令（Commit message generation instructions）
- 針對 提交訊息（Commit Messages）生成 提供特定的上下文資訊。
- 這些指令可設定於 VS Code 設定 或 專案中的 Markdown 檔案。
- 設定識別名稱：github.copilot.chat.commitMessageGeneration.instructions

如何設定自定義指令 – Visual Studio Code

步驟 1. 點選上方 GitHub Copilot 圖示【🐙】旁的下拉按鈕，點選【Configure Code Completions…】

自訂 GitHub Copilot 指令 ◀

▲ 6-8 在 Visual Studio Code 設定自定義指令流程 (1)

步驟 2. 選擇【Edit Settings…】

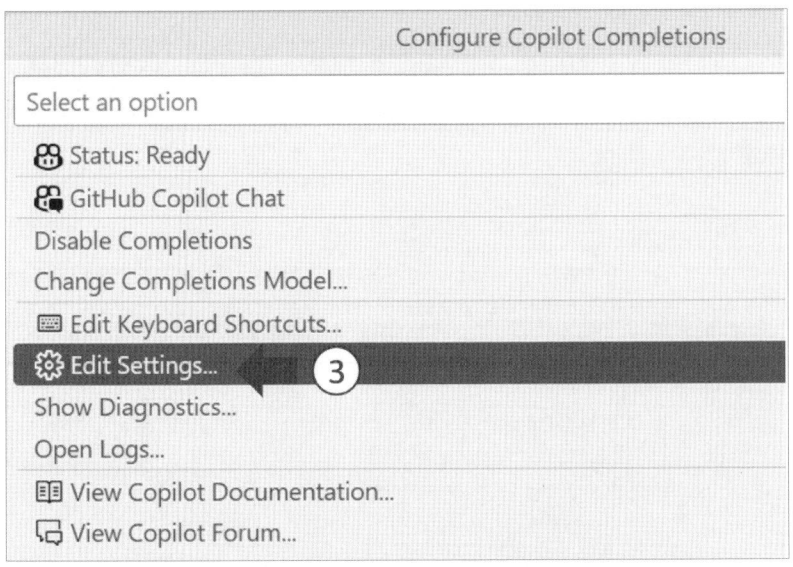

▲ 6-9 在 Visual Studio Code 設定自定義指令流程 (2)

6-13

6 GitHub Copilot 與 DevOps 整合應用

步驟 3. 在設定選項中，找到 Instructions 相關設定，如下圖所示。其中，Commit Message Generation: Instructions 即為 自動生成 Commit 訊息 的自訂指令。可以透過 兩種方式 提供指令：

1. 純文字輸入 – 直接在設定中輸入指令內容。
2. 提供檔案路徑 – 指定一個包含指令，在工作區內的檔案。

當提交提示詞時，這些指令會作為 上下文內容 一併傳送，確保 Copilot 能夠根據需求生成合適的 Commit 訊息。 我們點選【settings.json 內編輯】

▲ 6-10 在 Visual Studio Code 設定自定義指令流程 (3)

步驟 4. 我們根據下圖添加了相關內容。設定完成後，在自動生成 Commit 訊息 時，系統將同時請求這些內容，確保 GitHub Copilot 提供的 Commit 訊息更加精準、符合需求。

▲ 6-11 在 Visual Studio Code 設定自定義指令流程 (4)

如何設定自定義指令 – Visual Studio

步驟 1. 點選右上角 GitHub Copilot 按鈕，選擇設定後，點選選項。

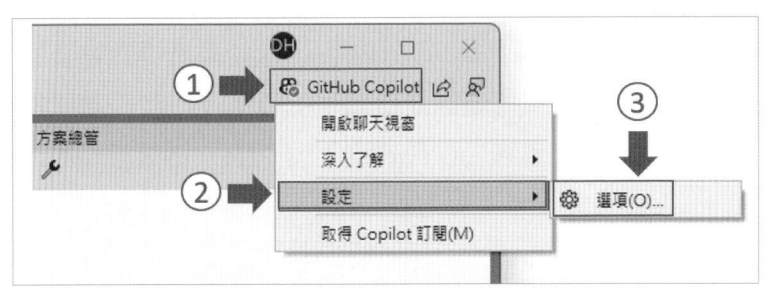

▲ 6-12 在 Visual Studio 設定自定義指令流程 (1)

步驟 2. 將自訂指令內容加入認可訊息自訂指示。設定完成後，在自動生成 Commit 訊息時，系統將同時請求這些內容，確保 GitHub Copilot 提供的 Commit 訊息更加精準、符合需求。

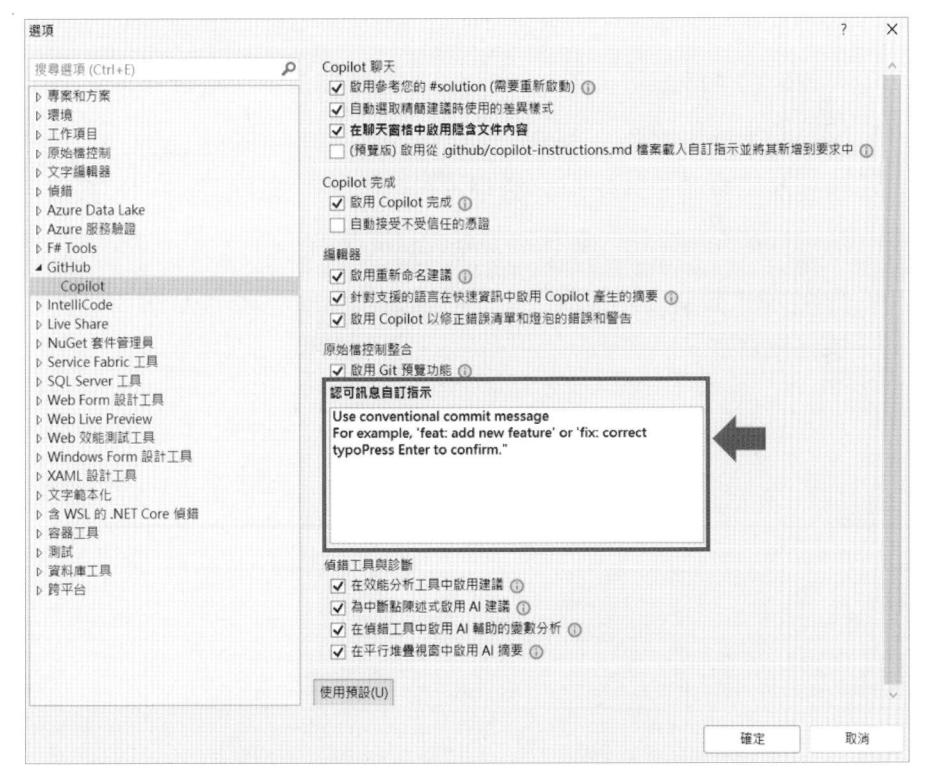

▲ 6-13 在 Visual Studio 設定自定義指令流程 (2)

▶ 自動產生 Pull Request Summary

一份清晰且詳實的 Pull Request (PR) 描述，不僅能幫助 Reviewer 在未深入檢視變更內容前迅速掌握此次修改的重點，還能顯著提升審查的效率與正確性。良好的 PR 描述應包括變更的背景、主要修改內容、測試結果以及任何需要特別注意的事項，這樣 Reviewer 才能更有方向地進行檢視，減少來回討論的時間。

為了簡化這一流程，GitHub Copilot 現在也能協助使用者自動生成 Pull Request Summary。當建立 PR 時，GitHub Copilot 會根據變更的程式碼內容，生成一份概括性的摘要。下列是 GitHub Copilot 自動生成 PR Summary 操作步驟：

1. **建立 Pull Request**：在 GitHub 介面上建立 PR，輸入標題並將變更內容提交。

2. **點擊自動生成按鈕**：在 Pull Request 描述欄位中，點擊 GitHub Copilot 的自動生成按鈕。

3. **檢查並修訂摘要**：Copilot 會根據變更內容生成 PR 描述，根據實際情況進行補充與修正，確保摘要準確且完整。

4. **送出 PR**：確認描述無誤後，即可提交 Pull Request，方便 Reviewer 迅速進行審查。

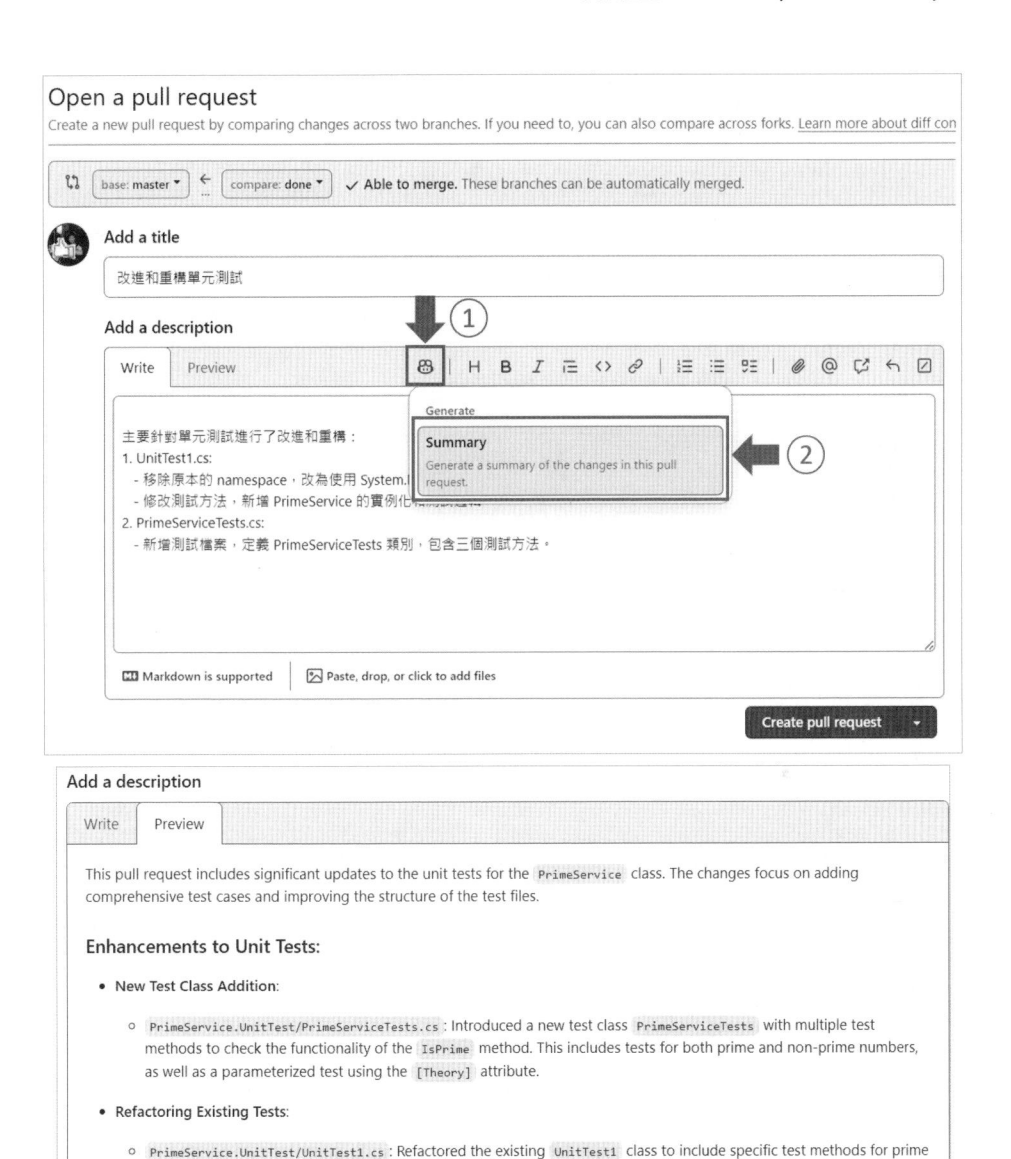

自動產生 Pull Request Summary

▲ 6-14 自動產生 Pull Request Summary

6-17

6 GitHub Copilot 與 DevOps 整合應用

▶ 持續整合與持續交付自動化工作流程

隨著軟體開發流程日益自動化，持續整合 (Continuous Integration) 和持續部署 (Continuous Delivery) 已成為現代開發的核心實踐。GitHub Actions 是 GitHub 提供的 CI/CD 服務，能夠根據特定事件（如推送代碼、建立 PR 等）觸發工作流程 (Workflow)，進行自動測試、建置與部署。

撰寫 CI/CD pipeline YAML 文件需要熟悉語法與流程，對初學者來說可能有一定門檻。然而，透過 GitHub Copilot，可以快速生成 GitHub Actions、Azure DevOps Pipeline、GitLab CI 等配置文件，進一步提升開發效率。

GitHub Copilot 在 CI/CD 開發中的優勢

1. **快速生成**：Copilot 能根據簡單的註解自動生成完整的 YAML 文件。
2. **減少錯誤**：自動補全語法並提供建議，減少手動撰寫錯誤。
3. **提升效率**：支援 GitHub Actions、Azure Pipelines、GitLab CI 等多種平台。
4. **即時學習**：透過生成的範例學習各平台 CI/CD 的最佳實踐。

GitHub Actions 的工作流程由以下幾個核心概念組成：

- Workflow(工作流程)：定義在 .github/workflows/ 目錄下的 YAML 檔案，描述整個 CI/CD 流程。
- Job(工作單位)：一個工作流程可包含多個工作，並可設定執行順序。
- Step(步驟)：每個工作包含多個步驟，可以執行指令或透過 Action 完成特定任務。
- Runner(執行環境)：負責執行任務的虛擬機。

下列是 GitHub Actions Nodejs Workflow 範例。一般來說，撰寫 YAML 時會參考範本內容，再依據自己的專案內容與情境進行修改，反覆測試後確保應用程式可以成功建置。name: CI Pipeline

```
1.
2.   on:
3.     push:
4.       branches: ["main"]
5.     pull_request:
6.       branches: ["main"]
7.
8.   jobs:
9.     build:
10.      runs-on: ubuntu-latest
11.
12.      steps:
13.       - name: 檢出程式碼
14.         uses: actions/checkout@v4
15.
16.       - name: 設置 Node.js 環境
17.         uses: actions/setup-node@v4
18.         with:
19.           node-version: '20'
20.
21.       - name: 安裝依賴
22.         run: npm install
23.
24.       - name: 執行測試
25.         run: npm test
26.
27.       - name: 構建應用程式
28.         run: npm run build
```

　　現在透過 GitHub Copilot，即可將目前專案內容生成適用的 Workflow，使用者只需要審核並依據實際應用情況調整。相較於自行搜尋範例參考、修改範本與反覆測試，透過 GitHub Copilot 生成、解釋內容、審核內容與反覆修正後，提升不少效率。下面是操作步驟：

6 GitHub Copilot 與 DevOps 整合應用

步驟 1. 開啟 GitHub Copilot 輸入「@workspace 請產生 GitHub Action Workflow」，GitHub Copilot 即會從收集工作區資訊，產生相對應的 GitHub Action CI YAML 檔案。確認無誤後，點選在編輯器套用，將生成描述檔案複製至編輯器。

▲ 6-15 使用 GitHub Copilot 生成專案 workflow 步驟 (1)

步驟 2. 依據 GitHub Copilot 建議，將檔案名為 ci.yml。我們將目前編輯器的描述檔案儲存至 .github\workflows 資料夾下

▲ 6-16 使用 GitHub Copilot 生成專案 workflow 步驟 (2)

持續整合與持續交付自動化工作流程

步驟 3. 點選左邊原始檔控制圖示，對 ci.yml 點選儲存變更後，請 Copilot 產生 Commit Message。點選【提交】按鈕 >【同步】按鈕後，將 ci.yml 推送至 GitHub Repository。

▲ 6-17 使用 GitHub Copilot 生成專案 workflow 步驟 (3)

步驟 4. GitHub Action 會自動偵測 Repository 內 .github\workflows 路徑下的 ci.yml 檔案，並執行 workflow。

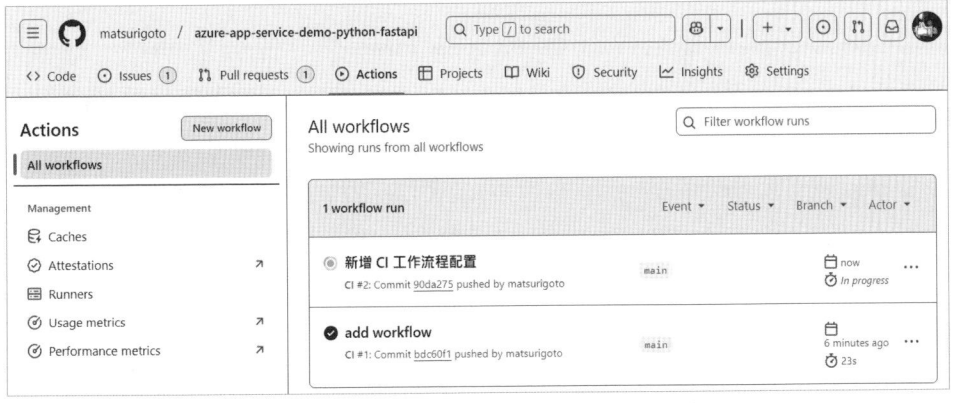

▲ 6-18 用 GitHub Copilot 生成專案 workflow 步驟 (4)

6-21

6　GitHub Copilot 與 DevOps 整合應用

步驟 5. 如果發生錯誤，可以點選 Workflow 發生問題的的步驟，點選上方【Explain error】按鈕，會自動開啟 GitHub Copilot 對話視窗並自動帶入提示詞。GitHub Copilot 會收集錯誤資訊，進而說明根本原因並提供可能的解決方法。

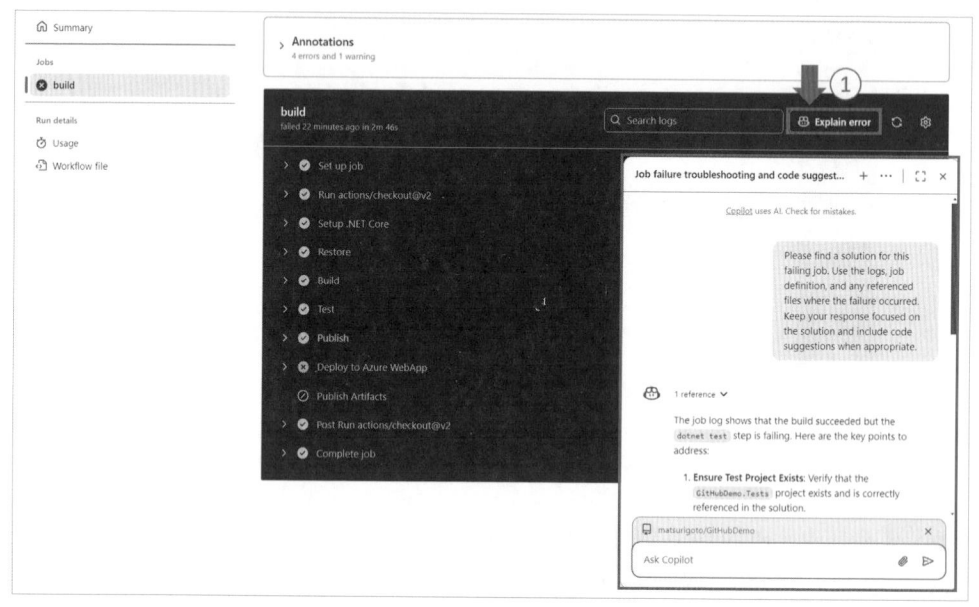

▲ 6-19 使用 GitHub Copilot 生成專案 workflow 步驟 (5)

　　GitHub Copilot 是生成 CI/CD Pipeline YAML 文件的強大助手，無論是 GitHub Actions、Azure DevOps Pipeline、GitLab CI/CD，皆能快速生成並自動補全配置。透過 Copilot，不僅能提升開發效率，還能幫助初學者理解各平台的配置細節。在未來的自動化開發流程中，善用 GitHub Copilot，將使 CI/CD 流程更快速、更高效，進一步推動持續交付與持續部署的實踐。

生成 Kubernetes 描述檔案 (GitOps & Helm Chart)

隨著容器化技術的普及，Kubernetes（簡稱 K8s）已成為現代應用程式部署的標準平台。在 Kubernetes 環境中，應用的配置通常透過 YAML 檔案定義，並透過 Helm Chart 進行模板化管理。近年來，伴隨 GitOps 的興起，以程式碼（Infrastructure as Code）管理 K8s 環境的方式日益普及。透過 GitOps 流程，可以將 Kubernetes 配置檔集中存放於 GitHub 儲存庫，並由自動化工具（如 ArgoCD、FluxCD）監控並同步更新，大幅提高部署的效率與可追溯性。GitOps 的基本流程如下：

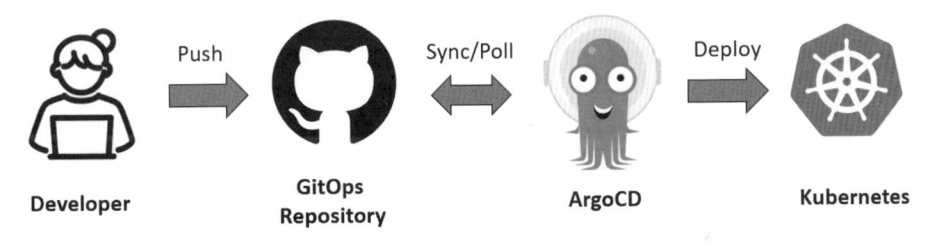

▲ 6-20 GitOps 的基本流程

1. 撰寫 / 更新 YAML 或 Helm Chart：開發者在本地端或編輯器中編輯 Kubernetes 配置檔。
2. 提交至 GitHub：所有配置檔集中於 GitHub 儲存庫，進行版本控管。
3. 自動化工具偵測更新：像 ArgoCD、FluxCD 這類 GitOps 工具會持續監控儲存庫的變化。
4. 自動化部署：偵測到變更後，工具會自動更新或部署至 Kubernetes 叢集。
5. 持續監控並同步：自動化工具會持續監測 Kubernetes 狀態，確保和 GitHub 上的配置保持一致。

6 GitHub Copilot 與 DevOps 整合應用

然而，撰寫 Kubernetes YAML 與 Helm Chart 往往需要熟悉其語法與配置細節。現在，透過 GitHub Copilot，不僅能夠快速生成對應的 YAML 檔案，還能幫助簡化 Helm Chart 開發流程。使用 Copilot 的優勢如下：

- 快速生成 YAML 與 Helm Chart
- 自動補齊參數，減少撰寫錯誤
- 生成 PR 註解與變更摘要

以下以 Visual Studio Code 與 GitHub Copilot 為例，示範如何快速生成並編輯 Kubernetes YAML 檔案：

步驟 1. 在 Visual Studio Code 中，按下 Command + Shift + P（macOS）或 Ctrl + Shift + P（Windows），選擇 New File 建立新檔案。

▲ 6-21 生成並編輯 Kubernetes YAML 檔案步驟 (1)

6-24

生成 Kubernetes 描述檔案 (GitOps & Helm Chart)

步驟 2. 將檔案命名為 k8s-deployment.yaml 或任意名稱，並確保副檔名為 .yaml 或 .yml。

▲ 6-22 生成並編輯 Kubernetes YAML 檔案步驟 (2)

步驟 3. GitHub Copilot 通常依據程式碼上下文或註釋進行補齊。你可以先在檔案頂端加上一些註釋，指示想要生成什麼類型的 Kubernetes 物件，例如：

1. # 生成一個 Kubernetes Deployment 檔案，他是一個 Node.js app
2. # 3 replicas, 命名為 "nodejs-deployment", 並使用 image "node:14-alpine".
3. # 並且將 container port 3000 對應到 pod port 3000

步驟 4. 開始輸入部署範本，在 YAML 檔案中輸入類似 apiVersion:，這時 Copilot 可能會自動彈出一段建議，若符合預期，可按下 Tab 來完成，最終完成如下：

6 GitHub Copilot 與 DevOps 整合應用

```yaml
1. apiVersion: apps/v1
2. kind: Deployment
3. metadata:
4.   name: nodejs-deployment
5. spec:
6.   replicas: 3
7.   selector:
8.     matchLabels:
9.       app: nodejs
10.  template:
11.    metadata:
12.      labels:
13.        app: nodejs
14.    spec:
15.      containers:
16.      - name: nodejs
17.        image: node:14-alpine
18.        ports:
19.        - containerPort: 3000
```

▲ 6-23 生成並編輯 Kubernetes YAML 檔案步驟 (3)

步驟 5. 檢查、修改與反覆驗證

- 若 Copilot 自動生成內容與需求不符，可以自行修改特定欄位，如 replicas: 3 或 image: node:14-alpine。

- 也可以新增設定，像是資源限制（resources）、環境變數（env）等。

- 或者在下一行再補充註釋，例如 # Add resource limits 讓 Copilot 知道你想要加入資源限制欄位。

- 在使用 GitHub Copilot 生成的 YAML 之前，建議透過 K8S lint 工具（例如 kubeval）或在測試叢集中進行驗證，以確保格式與屬性正確。

注意：

1. 審核 Copilot 輸出：Copilot 不保證所有 YAML 設定絕對正確，請務必審核並確認生成內容符合需求。
2. 設定適合的提示詞：善用註釋或檔名，告知 Copilot 你要生成的資源類型與期望條件，能提高生成品質。
3. 善用結合 K8S 驗證工具：使用 kubectl apply --dry-run=client -f <file.yaml> 等方式預先檢測是否有錯誤，再應用到實際叢集。
4. 遵守版本對應：不同 K8S 版本可能對 API 及欄位有些許差異，請確認 Copilot 生成的 apiVersion 與你所使用的 Kubernetes 版本相符。
5. 隱私與程式碼審查：Copilot 會基於開放原始碼與大規模訓練資料生成程式碼段，若有敏感資訊（如私鑰、密碼），請避免硬編碼或洩漏在公開的 Repo 中。

透過 GitHub Copilot，Kubernetes YAML 與 Helm Chart 的生成變得更加高效，無論是初學者還是有經驗的 DevOps 工程師，都能夠加速應用部署流程。搭配 GitOps 流程，可以實現基礎架構即代碼 (IaC)，讓 Kubernetes 管理更加簡單且安全。在未來的雲端原生開發中，善用 GitHub Copilot，不僅能提高開發效率，也能讓 Kubernetes 配置與管理更加順暢。

▶ GitHub Copilot Code Review (Preview)

GitHub Copilot Code Review 能夠快速提供可執行的 AI 回饋，在提交程式碼前，透過 GitHub Copilot 進行快速的自動審查，避免簡單錯誤讓自己顯得笨拙，同時縮短等待團隊審核的時間。在提交程式碼後並在等待人工審查的同時，也可以透過 Code Review 功能可開始調整程式碼，朝「Ready to merge」的方向前進。可以透過以下三種方式獲得 GitHub Copilot 的審查：

Visual Studio Code 進行 Code Review

情境一：開發期間進行 Code Review

步驟 1. 於編輯器上選擇程式碼區塊

步驟 2. 透過快捷鍵 (Ctrl+ Shift + P) 開啟命令選擇區，輸入「Review and Comment」，選擇【GitHub Copilot: Review and Comment】，即可開始進行程式碼審核。

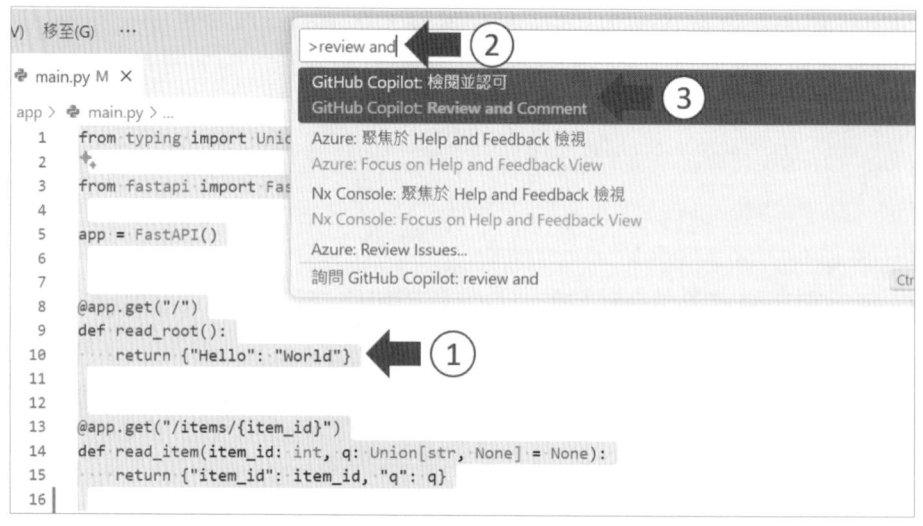

▲ 6-24 Visual Studio Code 進行 Code Review(1)

另一種方式是透過快速動作，滑鼠右鍵點選編輯器程式碼區塊，於快速選單點選 Copilot，選擇檢閱與認可。

GitHub Copilot Code Review (Preview)

▲ 6-25 Visual Studio Code 進行 Code Review(2)

步驟 3. 逐一確認審核內容，接受或捨棄建議；下方則呈現出所有建議內容，方便使用者隨時切換點選。

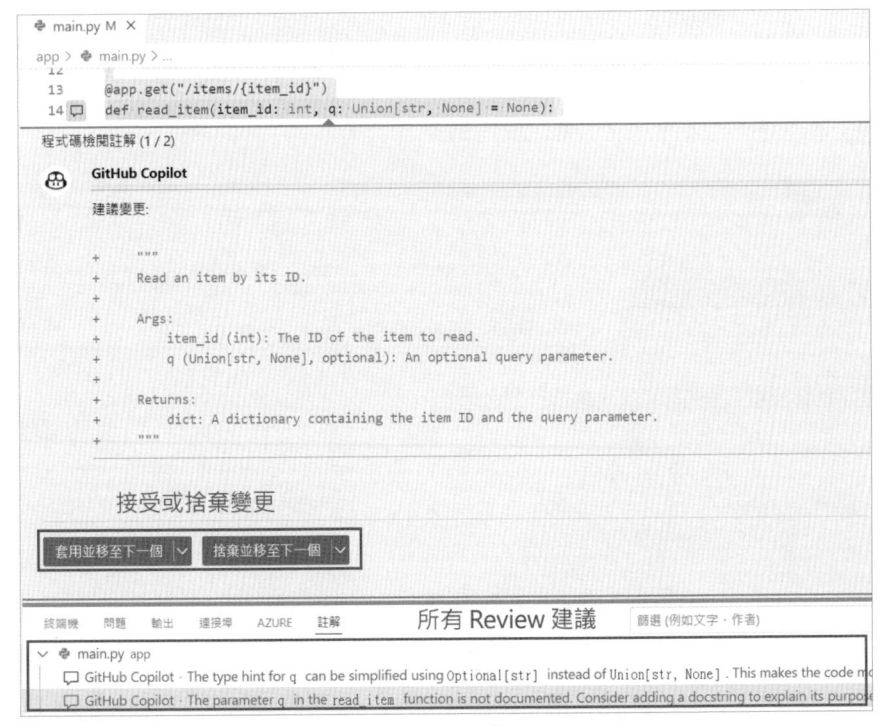

▲ 6-26 Visual Studio Code 進行 Code Review(3)

6-29

6　GitHub Copilot 與 DevOps 整合應用

情境二：提交內容時進行 Code Review

步驟 1. Visual Studio Code 點選左側功能列原始碼控制，將變更加入暫存的變更，選擇上方【Copilot 程式碼檢閱 – 未認可的變更】

▲ 6-27 提交內容時進行 Code Review(1)

步驟 2. 逐一確認審核內容，接受或捨棄建議

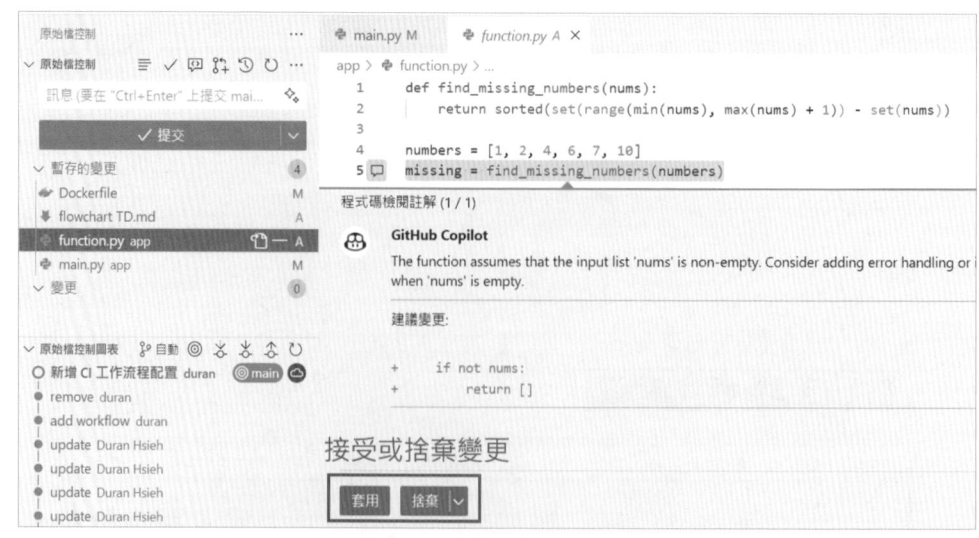

▲ 6-28 提交內容時進行 Code Review(2)

6-30

GitHub 網站進行 Code Review

在 GitHub.com 上，可以透過以下方式讓 Copilot 參與程式碼審查：

- 在「Reviewers」選單中，將 Copilot 標記為 Pull Request 審查者。
- 啟用自動審查功能，透過 Rulesets 對新的 Pull Request 進行自動審查（需具備管理員權限）。

步驟 1. 開啟 Pull Request，點選右方 Review 內【Copilot Request】，將 Copilot 加入成為 Reviewer

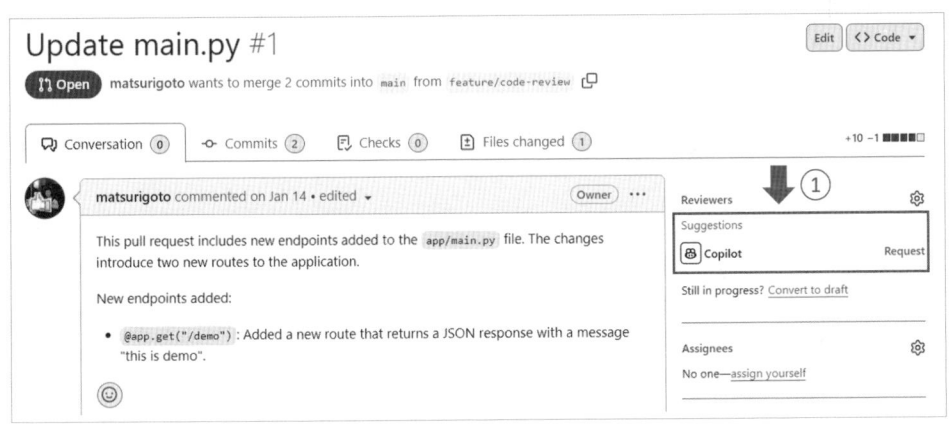

▲ 6-29 GitHub 網站上進行 Code Review(1)

步驟 2. 稍待片刻，GitHub Copilot 會開始留下 Comment，檢視內容並逐一修正

PR Overview

This pull request adds two new endpoints to the application in app/main.py.

- A new GET route at "/demo" returning a JSON message "this is demo".
- A new GET route at "/test" returning a JSON message "this is test".

Reviewed Changes

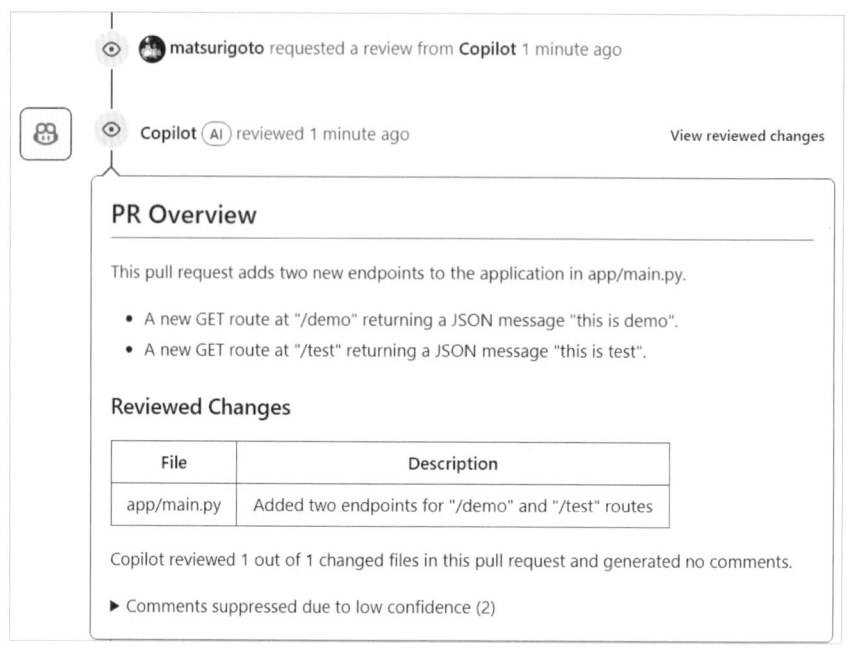

File	Description
app/main.py	Added two endpoints for "/demo" and "/test" routes

Copilot reviewed 1 out of 1 changed files in this pull request and generated no comments.

▶ Comments suppressed due to low confidence (2)

▲ 6-30 GitHub 網站上進行 Code Review(2)

如果需要設定自動審查功能，可以依據下列步驟設定：

1. 於 Repository 下方，點擊【Settings】
2. 在左側側邊欄的【Code and automation】區塊下，點擊【Rules】，然後選擇【Rulesets】。
3. 點選【New ruleset】旁下拉按鈕，點擊【New branch ruleset】

GitHub Copilot Code Review (Preview)

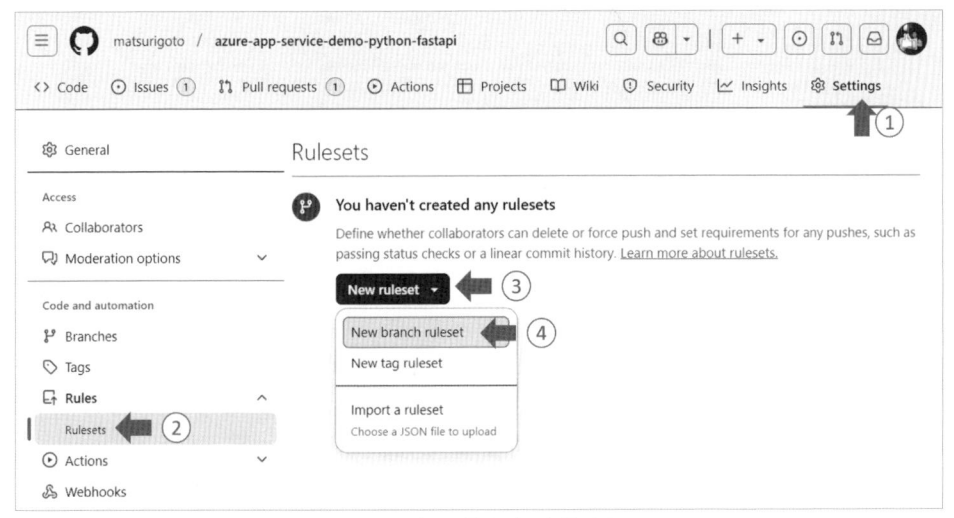

▲ 6-31 設定自動審查功能步驟 (1)

4. 「Ruleset name」欄位中，輸入規則集的名稱

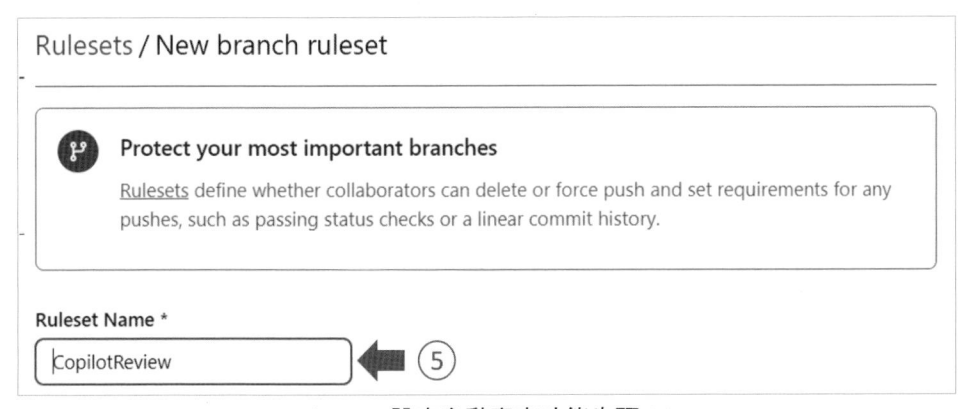

▲ 6-32 設定自動審查功能步驟 (2)

5. 在「Target branches」區塊中，點擊【Add target】，然後選擇適用的範圍，例如【Include default branch】或【Include all branches】

6-33

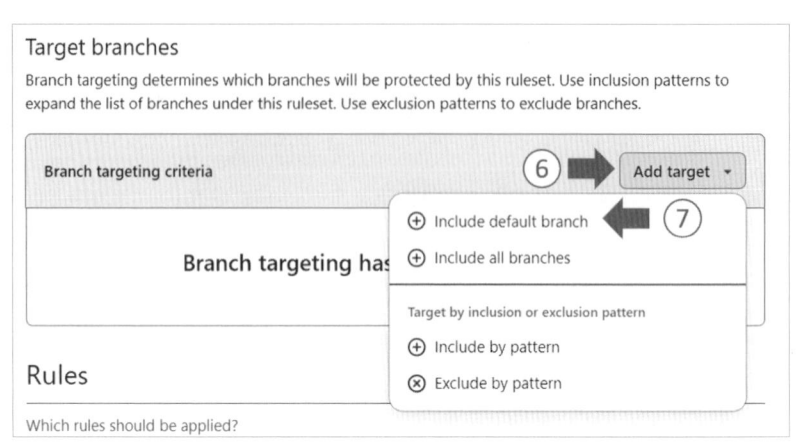

6 GitHub Copilot 與 DevOps 整合應用

▲ 6-33 設定自動審查功能步驟 (3)

6. 在【Branch rules】（分支規則）區塊中，勾選【Require a pull request before merging】。勾選後會展開一組額外的選項【Request pull request review from Copilot】，勾選它。

▲ 6-34 設定自動審查功能步驟 (4)

▶ GitHub Copilot AutoFix (Preview)

GitHub Copilot Autofix 是程式碼掃描（Code Scanning）的擴展功能，能夠提供精確的修正建議，幫助開發者修正程式碼掃描警報，從而避免引入新的安全漏洞。

當偵測到潛在問題時，Copilot Autofix 會根據現有的程式碼內容，將警報的描述與發生位置轉換為可能的修正方案。該功能透過 GitHub Copilot 內部 API，與 OpenAI 的 GPT-4o 模型互動，生成修正建議，並提供詳細解釋，幫助開發者理解並應用修正方式。

這些修正方案由大型語言模型（LLM）自動生成，並參考程式碼庫與程式碼掃描分析的數據，以確保建議符合程式碼的邏輯與安全需求。

Copilot AutoFix 的適用範圍

- GitHub.com 上的所有公開儲存庫
- 擁有 GitHub Advanced Security 授權的 GitHub Enterprise Cloud 企業內部專案

建議產生流程

當 Copilot Autofix 啟用後，程式碼掃描偵測到的警報會作為輸入提供給 LLM（大型語言模型）。如果 LLM 能夠生成適用的修正方案，則該方案將以建議（Suggestion）形式呈現。

GitHub 傳送給 LLM 的數據包括：

- CodeQL 警報數據（SARIF 格式）
- 目前分支的程式碼
- 警報發生位置周圍的程式碼片段
- 涉及警報的檔案前 10 行內容
- 發現該問題的 CodeQL 查詢幫助內文

這些 Copilot Autofix 建議會自動儲存於程式碼掃描後端，無需額外手動操作。只要啟用了程式碼掃描，並在 Pull Request 中建立變更，Copilot Autofix 就會自動產生並顯示修正建議，讓開發者快速修復程式碼問題，提高安全性與開發效率。

設定流程

步驟 1. 一般來說，AutoFix 會自動啟動於符合的儲存庫，但此功能相依於安全掃描，所以我們要先啟用安全掃描。於儲存庫功能列上點選【Settings】頁籤，於左邊測攔點選【Code Security】。

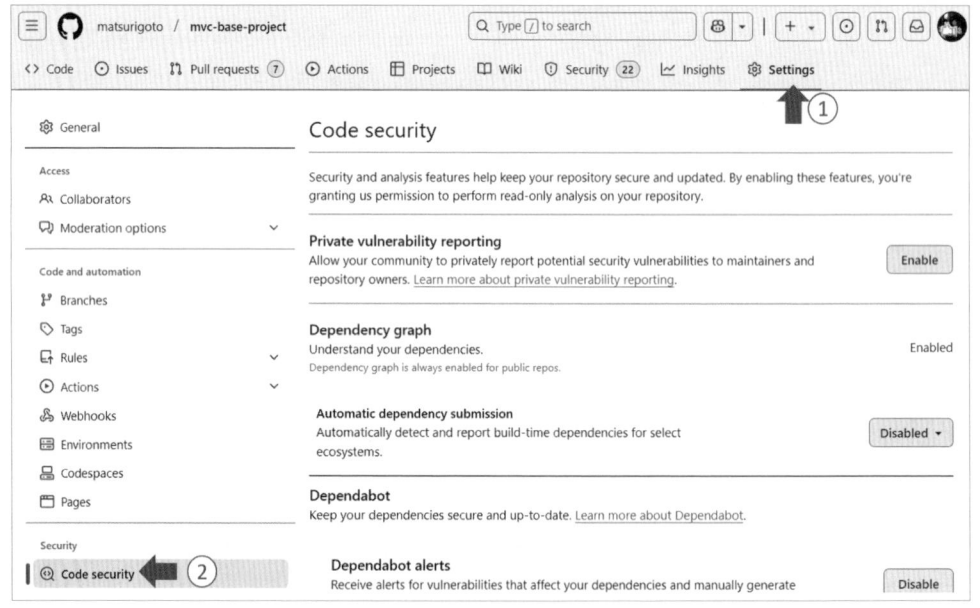

▲ 6-35 Copilot AutoFix 設定步驟 (1)

步驟 2. 找到 Code Scanning 區塊，於 CodeQL analysis 確定啟用相關設定。此設定啟用後會自動觸發 GitHub Action 進行程式碼掃描，需要等待一段時間。

注意：Code Scanning 可能會產生費用，請先確認您的儲存庫是否符合免費範圍。

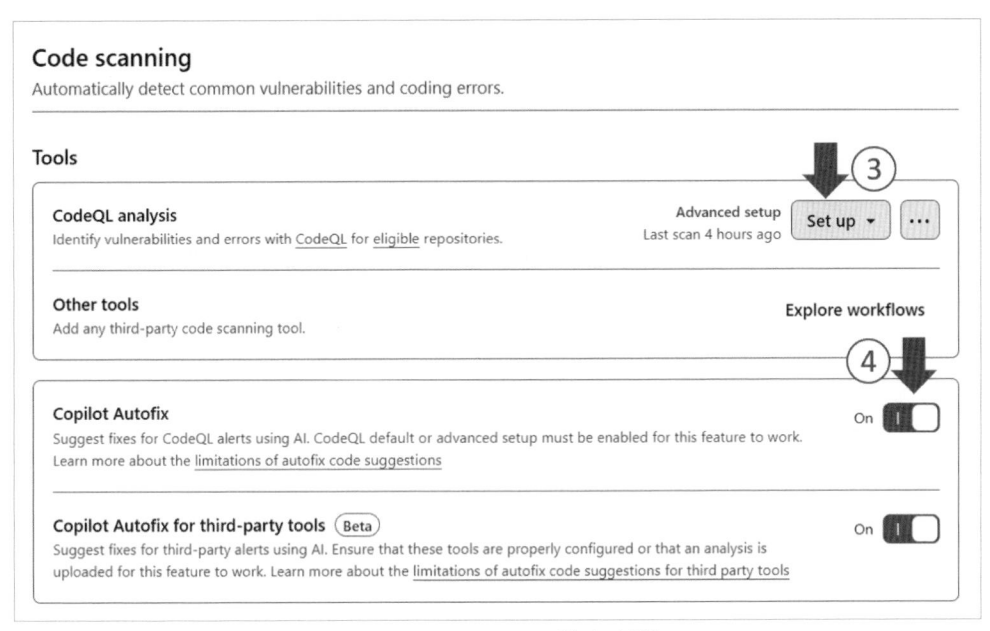

GitHub Copilot AutoFix (Preview)

▲ 6-36 Copilot AutoFix 設定步驟 (2)

步驟 3. 待 Code Scanning 掃描完成，能在 Security 內的 Code Scanning 內找到掃描結果。

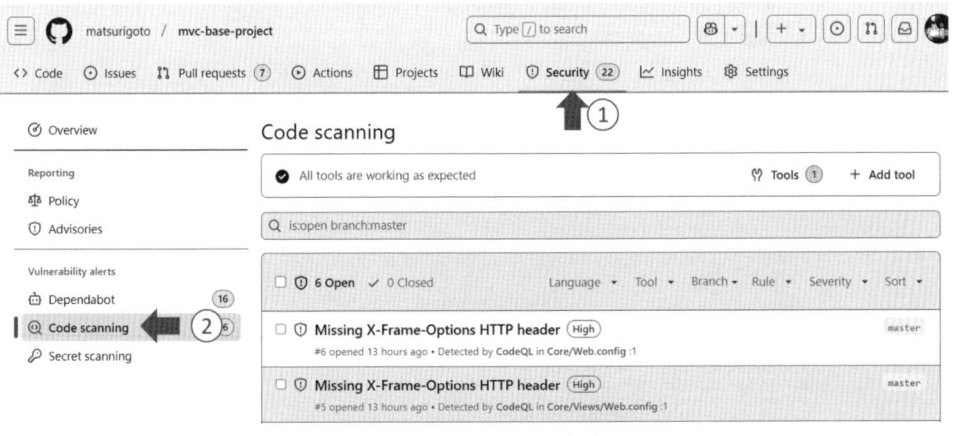

▲ 6-37 Copilot AutoFix 設定步驟 (3)

6　GitHub Copilot 與 DevOps 整合應用

步驟 4. 部分安全問題可以透過 autofix 產生修正建議，點選右上角【Generate fix】按鈕，GitHub Copilot 即會協助分析問題並提出修正建議。

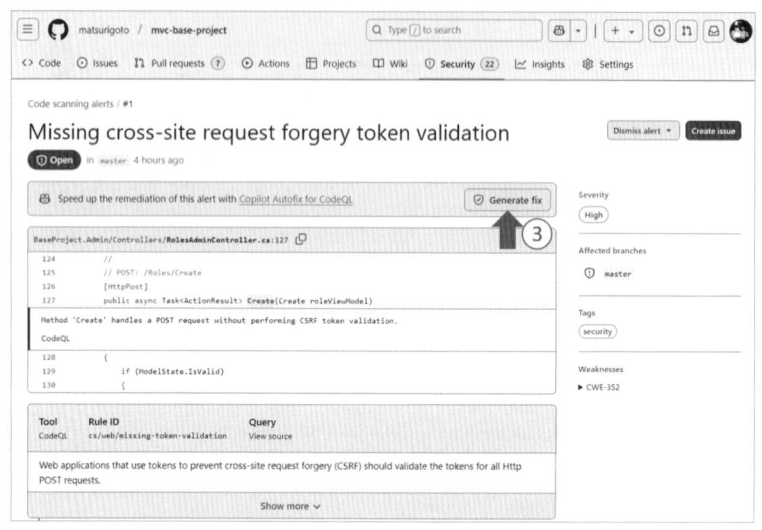

▲ 6-38 Copilot AutoFix 設定步驟 (4)

步驟 5. 確認建議內容無誤後，即可提交變更進行修復。

▲ 6-39 Copilot AutoFix 設定步驟 (5)

7

提示工程與最佳實踐

- 提示工程原則
- 提示撰寫最佳實踐
- 從 0 開始的樣本學習
- 結論

7 提示工程與最佳實踐

在 GitHub Copilot 中,「提示」(Prompt)指的是用於引導 AI 生成程式碼、解決問題或撰寫文件的文字指令,旨在讓 Copilot 能夠更精準地回答問題或滿足需求。這些提示可以是:

- 註解或自然語言描述
- 程式碼片段或範例
- 問題描述、功能需求
- 測試案例或測試資料的條件

可以將這個過程比喻為搭乘計程車:乘客必須向司機提供準確的目的地與行車方向,否則可能會繞路,甚至無法順利抵達目的地。同樣地,透過清晰的提示,AI 能夠更有效率地生成所需內容,減少使用者額外修正的負擔,例如避免自行尋找額外資訊或手動調整結果。

良好的提示能提升 GitHub Copilot 生成建議的準確度,也能減少開發者反覆修正的時間。撰寫提示的關鍵,在於向 Copilot 清楚表達「想要完成的目標」以及「對程式碼或邏輯的期望」。

▲ 7-1 工程師工作方式演進

▶ 提示工程原則

在 GitHub Copilot 中，成功的提示工程通常遵循以下四個關鍵原則：Single（單一）、Specific（具體）、Short（簡潔）、Surround（環境背景）。簡稱為 4S 原則。

1. Single（單一）

- 定義明確的單一工作目標

  在同一個提示裡，不要試圖要求 GitHub Copilot 做多件不相干或過度複雜的事情。

- 避免同時包含多種需求

  像是「同時建立篩選偶數、排序陣列及計算加總」容易使生成結果不聚焦。

範例：

- 效果較差提示詞：「建立一個函式來篩選偶數，並計算平均值」

  同一提示包含兩個不同目標：篩選和計算

- 效果良好提示詞：「建立一個函式，篩選並回傳偶數陣列」

  只專注在篩選並回傳偶數

2. Specific（具體）

- 使用明確且詳細的描述。
- 指定輸入、輸出、資料型態、業務邏輯或邏輯細節。
- 可以在提示中包含範例或預期輸出格式。

  越明確的描述，Copilot 越能理解並給出更貼近需求的程式碼。

範例：

- 效果較差提示詞：「取得偶數」

  過於籠統，Copilot 可能不確定要「如何」或「在哪裡」取得偶數

7 提示工程與最佳實踐

- 效果良好提示詞：「建立一個函式，收整數陣列，篩選並回傳偶數，回傳型態為 List<int>」

  明確告訴 Copilot 輸入型態與輸出型態、工作範圍

3. Short（簡潔）

- 保持提示簡單且直接。

  避免在提示中出現贅詞、過度敘述背景故事或口語化表達，讓 GitHub Copilot 失去重點。

- 提示過長可能導致重點分散。

  在需要更詳細的需求時，考慮將它拆解成多個提示，或在同一提示中以條列式方式清楚表達。

範例：

- 效果較差提示詞：「請幫我寫一個 C# 函式，這個函式需要篩選掉所有的奇數，保留偶數，並且要回傳一個陣列，謝謝！」

  過於籠統，Copilot 可能不確定要「如何」或「在哪裡」取得偶數

- 效果良好提示詞：「C# 函式：篩選偶數並回傳 List<int>」

  短短一句就能點出關鍵需求

4. Surround（環境背景）

- 提供相關的程式碼上下文。

  Copilot 會根據目前編輯器或專案的檔案結構，以及周圍的程式碼來生成建議。

- 在必要時指定檔名、類別或套件。

  若需要把函式放在特定類別或特定檔案，可以在提示中一併說明。

範例：

- 在已開啟 .NET 專案且存在 Utility.cs 檔案時，可輸入提示詞：「在 Utility.cs 中新增篩選偶數的函式」

  Copilot 會使用該檔案及其周邊程式碼的脈絡來生成答案。

提示撰寫最佳實踐

提供足夠的清楚性

撰寫提示詞時想像自己與另一位工程師溝通，描述你要什麼，描述內容由大目標開始，在描述細節。除此之外，在必要的時候提供程式範例或測試案例可以提升準確度。

範例：「C# 函式：接收整數陣列，篩選偶數並回傳 List<int>」

```
matsurigoto
C# 函式：接收整數陣列，篩選偶數並回傳 List<int>

GitHub Copilot
你可以使用 LINQ 來篩選整數陣列中的偶數並回傳 List<int>。以下是一個範例函式：

using System;
using System.Collections.Generic;
using System.Linq;

public class Program
{
    public static List<int> FilterEvenNumbers(int[] numbers)
    {
        return numbers.Where(n => n % 2 == 0).ToList();
    }

    public static void Main()
    {
        int[] numbers = { 1, 2, 3, 4, 5, 6, 7, 8, 9, 10 };
        List<int> evenNumbers = FilterEvenNumbers(numbers);
        Console.WriteLine(string.Join(", ", evenNumbers));
    }
}

這個函式 FilterEvenNumbers 接收一個整數陣列，使用 LINQ 的 Where 方法篩選出偶數，並使用 ToList 方法將結果轉換為 List<int>。在 Main 方法中，我們測試了這個函式並輸出結果。
```

▲ 7-2 提供足夠的清楚性

這樣的提示就像「對工程師下指令」一樣，可以讓 GitHub Copilot 更容易理解你的需求。

7 提示工程與最佳實踐

提供充足的內容與細節

在撰寫提示詞時，如果需要處理較為複雜的邏輯，建議先將所有可能影響結果的條件或限制條列出來，以幫助讀者掌握整體脈絡。同時，也可以在提示中加入預期的執行流程，讓讀者更清楚地了解整個操作步驟與可能的結果，避免在實際執行時產生混淆或誤解。

範例：

「 建立 C# 函式，接收一個整數陣列，篩選偶數

生成包含 5 個隨機整數的測試資料

以 List<int> 回傳結果」

```
matsurigoto
建立 C# 函式，接收一個整數陣列，篩選偶數，生成包含 5 個隨機整數的測試資料 以
List<int> 回傳結果

GitHub Copilot
以下是一個 C# 函式，它接收一個整數陣列，篩選偶數，並生成包含 5 個隨機整數的測
試資料，最後以 List<int> 回傳結果：

using System;
using System.Collections.Generic;
using System.Linq;

public class Program
{
    public static List<int> FilterEvenNumbers(int[] numbers)
    {
        return numbers.Where(n => n % 2 == 0).ToList();
    }

    public static int[] GenerateTestData(int size)
    {
        Random random = new Random();
        int[] testData = new int[size];
        for (int i = 0; i < size; i++)
        {
            testData[i] = random.Next(1, 101); // 生成 1 到 10
        }
        return testData;
    }
```

▲ 7-3 提供充足的內容與細節

透過條列說明，Copilot 知道要「接收陣列」「過濾偶數」「順帶生成測試資料」以及最終要「回傳 List<int>」。

提供學習範例

在撰寫提示時，可先從最基本且簡單的需求出發，並循序漸進地提供更多資訊，確保 Copilot 能在每個階段都獲得更明確的指引。同時，請務必提供具體且清楚的範例作為參考，以減少內容理解的模糊性，幫助 Copilot 更精準地產生所需的結果。

範例：

「C# 函式：

接收 int[]

篩選偶數

回傳 List<int>

測試：輸入 [1, 2, 3, 4, 5]，預期輸出 [2, 4]」

7 提示工程與最佳實踐

> **matsurigoto**
> C# 函式：接收 int[] 篩選偶數 回傳 List<int> 測試：輸入 [1, 2, 3, 4, 5]，預期輸出 [2, 4]

> **GitHub Copilot**
> 以下是一個符合你需求的 C# 函式，接收 `int[]`，篩選偶數並回傳 `List<int>`，以及一個測試範例：

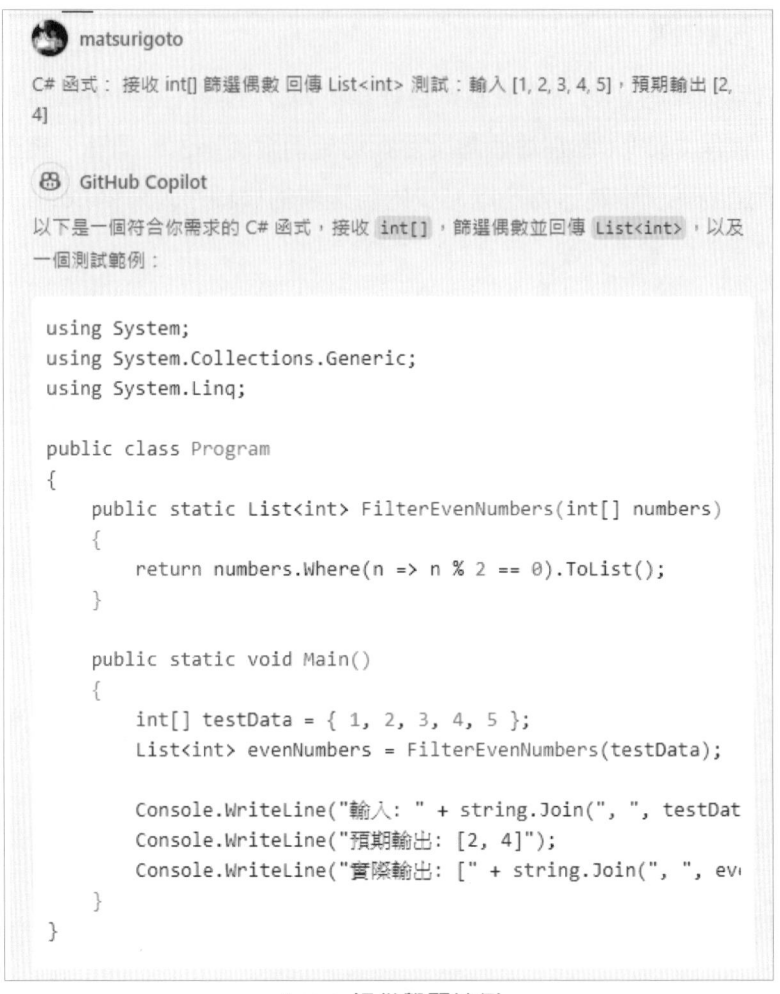

```csharp
using System;
using System.Collections.Generic;
using System.Linq;

public class Program
{
    public static List<int> FilterEvenNumbers(int[] numbers)
    {
        return numbers.Where(n => n % 2 == 0).ToList();
    }

    public static void Main()
    {
        int[] testData = { 1, 2, 3, 4, 5 };
        List<int> evenNumbers = FilterEvenNumbers(testData);

        Console.WriteLine("輸入: " + string.Join(", ", testDat
        Console.WriteLine("預期輸出: [2, 4]");
        Console.WriteLine("實際輸出: [" + string.Join(", ", ev
    }
}
```

▲ 7-4 提供學習範例

在提示中直接給出測試案例，能讓 Copilot 了解更清楚的預期結果。

判斷提示並逐一查看

在使用 GitHub Copilot 進行開發時，請將 Copilot 生成的程式碼視為與自己協作對話的一部分，而非最終定案。如果輸出的結果不符合需求，就應立即調整提示或進一步說明需求，確保 Copilot 能夠產生更貼近目標的程式碼

提示撰寫最佳實踐

範例： 初始提示：「C# 函式：篩選偶數」

```
matsurigoto
C# 函式：篩選偶數

GitHub Copilot
以下是一個篩選偶數的 C# 函式範例：

using System;
using System.Collections.Generic;
using System.Linq;

public class Program
{
    public static void Main()
    {
        List<int> numbers = new List<int> { 1, 2, 3, 4, 5, 6,
        List<int> evenNumbers = FilterEvenNumbers(numbers);

        Console.WriteLine("偶數列表:");
        foreach (int number in evenNumbers)
        {
            Console.WriteLine(number);
        }
    }

    public static List<int> FilterEvenNumbers(List<int> number
    {
        return numbers.Where(n => n % 2 == 0).ToList();
    }
}
```

▲ 7-5 判斷提示並逐一查看

若初次輸出不符合預期，就進行調整。調整後提示：「C# 函式：**接收 int[]，篩選偶數，回傳 List<int>**」。透過更明確的描述，Copilot 生成的程式碼會更符合需求。

7-9

7 提示工程與最佳實踐

```
matsurigoto
C# 函式：接收 int[]，篩選偶數，回傳 List<int>

GitHub Copilot
以下是一個篩選偶數的 C# 函式範例，該函式接收一個 int[] 陣列並返回一個
List<int>：

using System;
using System.Collections.Generic;
using System.Linq;

public class Program
{
    public static void Main()
    {
        int[] numbers = { 1, 2, 3, 4, 5, 6, 7, 8, 9, 10 };
        List<int> evenNumbers = FilterEvenNumbers(numbers);

        Console.WriteLine("偶數列表:");
        foreach (int number in evenNumbers)
        {
            Console.WriteLine(number);
        }
    }

    public static List<int> FilterEvenNumbers(int[] numbers)
    {
        return numbers.Where(n => n % 2 == 0).ToList();
    }
}
```

▲ 7-6 判斷提示並逐一查看 (2)

▶ 從 0 開始的樣本學習

當使用者與 GitHub Copilot 互動並提供提示時，初始階段 GitHub Copilot 只能依賴其基礎訓練來產生程式碼，而沒有具體的範例可參考。例如，假設你想建立一個函式，將攝氏溫度轉換為華氏溫度。

從 0 開始的樣本學習

使用者可以透過註解描述需求，Copilot 可能會根據其訓練數據產生對應的函式，而無需額外範例。接著，使用者可以在此函式的基礎上，請 Copilot 產生類似的函式，例如將華氏溫度轉換為攝氏溫度，這就是**單一樣本學習**。

隨著樣本數量的增加，Copilot 的建議將逐步微調，從最初的較大誤差，逐漸趨於精準與平衡，這便是**多樣本學習**的過程。

範例

- 從 0 開始的樣本學習

    以工程師的方式描述需求，例如：「撰寫一個 .NET 函式，篩選並回傳指定內容中的偶數」。此時因為沒有任何前後文參考，即仰賴訓練基礎產生程式碼。

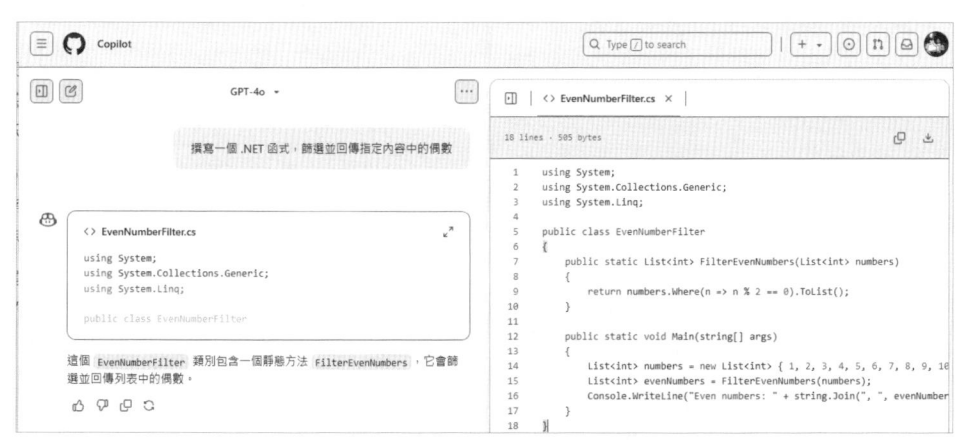

    ▲ 7-7 從 0 開始的樣本學習

- 單一樣本學習

    在註解中加入具體步驟，讓 Copilot 產生更符合需求的程式碼。

    ◆ 建立 5 個隨機整數作為輸入內容。

    ◆ 過濾出偶數並存入陣列。

    ◆ 以 List 型態回傳結果。

7-11

7 提示工程與最佳實踐

此時會將對話中前一次回覆當作樣本參考，進而生成更精準的程式碼，即為單一樣本學習。

▲ 7-8 單一樣本學習

- **多樣本學習 (逐步優化提示)**

    參考「從 0 開始的樣本學習」的概念，提供多樣本範例，以幫助 Copilot 理解你的偏好並提升建議品質。例如：

    ◆ 傳回指定內容中的奇數

    ◆ 以 Array 型態回傳結果

    此時會將對話中前兩次回覆當作樣本參考，進而生成更精準的程式碼，即為多樣本學習。

結論

▲ 7-9 多樣本學習

▶ 結論

透過上述錯誤類型與改進範例，我們可以看出在編寫 GitHub Copilot 提示時，最常出現的問題包括：**需求不夠明確**、**一次要求過多功能**，以及**缺乏必要的上下文資訊**。這些錯誤大多源於開發者對於功能目標、實作範圍與執行環境的描述不夠到位，而導致 GitHub Copilot 難以產生準確且符合需求的建議。

為了改善這些問題，我們應該採用「先聚焦單一功能，再逐步細化需求」的策略，並在提示中提供足夠的環境資訊，如檔案名稱、所屬類別與使用技術框架等。更重要的是，應掌握 Single（單一目標）、Specific（具體描述）、Short（簡潔表達）以及 Surround（提供背景）這四大原則，讓 Copilot 有足夠但不過量的指引。

7-13

7 提示工程與最佳實踐

　　此外，將提示視為與 GitHub Copilot 持續互動的對話，能夠在每次得到回饋後調整並細化需求，最終獲得更貼近專案要求的程式碼。最後，別忘了對 GitHub Copilot 的輸出進行檢查與測試，確保其結果真正符合預期與專案規範。透過以上方法，開發者就能更有效地運用 GitHub Copilot，產生精準而高品質的程式碼。

8

GitHub Copilot 相關服務

- GitHub Copilot Extension
- GitHub Workspace
- GitHub Spark

8 GitHub Copilot 相關服務

▶ GitHub Copilot Extension

GitHub Copilot Extension（延伸模組）是一種可安裝的模組，基於 Copilot 功能開發，能夠有效擴展自訂功能或整合其他服務。其設計目標是讓使用者能夠在開發環境中，透過自然語言，在 Copilot Chat 內整合並操作各種常用工具，無論是 Visual Studio Code、Visual Studio、JetBrains IDE、GitHub Mobile 還是 GitHub.com，皆可支援這些延伸模組。此外，這些模組將以聊天參與者的形式呈現，讓使用者能夠更直覺地與其互動。

▲ 8-1 GitHub Copilot 延伸模組以聊天參與者的形式呈現

GitHub Copilot 延伸模組能夠無縫融入開發工作流程，並透過開發者熟悉的工具提供上下文感知協助。目前，延伸模組市場已推出多種選擇，包括 Perplexity、Stack Overflow、Docker 以及 Mermaid Chart 等應用，幫助開發者迅速提升生產力。例如，Arm 的延伸模組可簡化雲端採用與遷移，使開發者能夠在 Arm 架構的伺服器上開發、測試和部署軟體，並充分發揮其高效、可

擴展及高性能的架構優勢。此外，讀者可以參考第五章節中「**透過 Mermaid 延伸模組產生圖表**」內容，我們將實際運用延伸模組進行生成圖表實作。

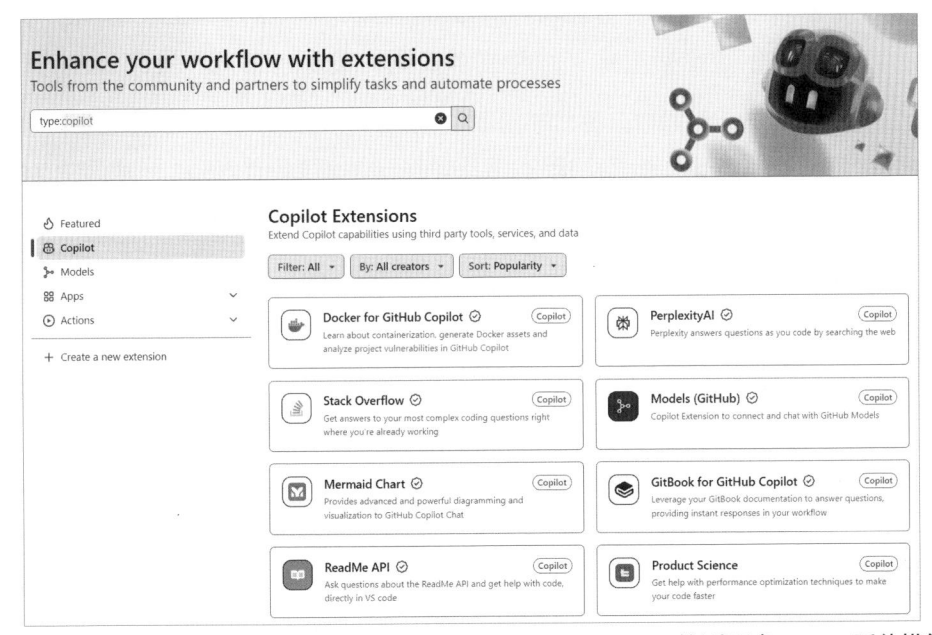

▲ 8-2 https://github.com/marketplace?type=apps&copilot_app=true 找到更多 Copilot 延伸模組

▶ GitHub Workspace

GitHub Copilot Workspace 是一個 GitHub Copilot 原生的開發環境，開發者可以在其中使用自然語言構思、規劃、編寫、測試和運行程式碼。這個全新的任務導向體驗結合了不同的 Copilot 智慧代理 (Agent)，從頭到尾提供 AI 輔助，同時確保開發者對每一個步驟擁有完全的掌控權限。

GitHub Copilot Workspace 是一個 GitHub Copilot 原生開發環境，允許開發者在 GitHub Repository、Issue 或 Pull Request 內直接啟動 AI 驅動的開發工作流程，建立計畫 (Plan)。與傳統開發環境相比，Copilot Workspace 提供了一個任務導向的介面，讓開發者可以從想法到程式碼的每個步驟都得到 AI 的輔助。其主要特點如下：

8　GitHub Copilot 相關服務

- **任務導向開發**：使用者從 GitHub Issue、Pull Request 或 Repository 啟動 GitHub Workspace
- **智慧規劃**：Copilot Workspace 會根據你的需求自動產生規格文件、解決方案，並透過規格文件產生程式碼，最終建立 Pull Request 由團隊進行審核。
- **可編輯與迭代**：計劃和程式碼都可以自由編輯，以符合開發需求。
- **直接執行與測試**：內建終端機，開發者可直接運行測試與建置。
- **團隊協作**：可輕鬆與團隊共享 GitHub Workspace，進行即時協作。

GitHub Workspace 介面說明

下圖為 GitHub Workspace 的操作介面。左側欄 (圖中①) 為 Issue 區域，會自動擷取原 Issue 內的描述作為參考依據。如果原始 Issue 的描述不夠清楚，你可以切換至「Write」頁籤，自行調整內容。GitHub Copilot 會根據 Issue 的內容產生對應的 Plan (圖中⑤)，並詳細描述每個實作細節。換言之，需求越明確，產生的 Plan 也會越完整。

圖中②為 BrainStorm，這個區域可以視為 GitHub Copilot Chat 介面，使用者可透過輸入提示詞與其互動 (圖中④)，幫助整理 Issue 的描述內容。BrainStorm 預設會根據當前 Issue 的描述提供建議，例如【如何解決此 Issue】，並將建議內容加入 Issue 作為需求的一部分。如果你是第一次使用，不確定該如何發問，Copilot 也會提供建議問題 (圖中③)，幫助你補充更多細節。

總而言之，BrainStorm 可協助使用者釐清問題、確定解決方案，並規劃實作細節。

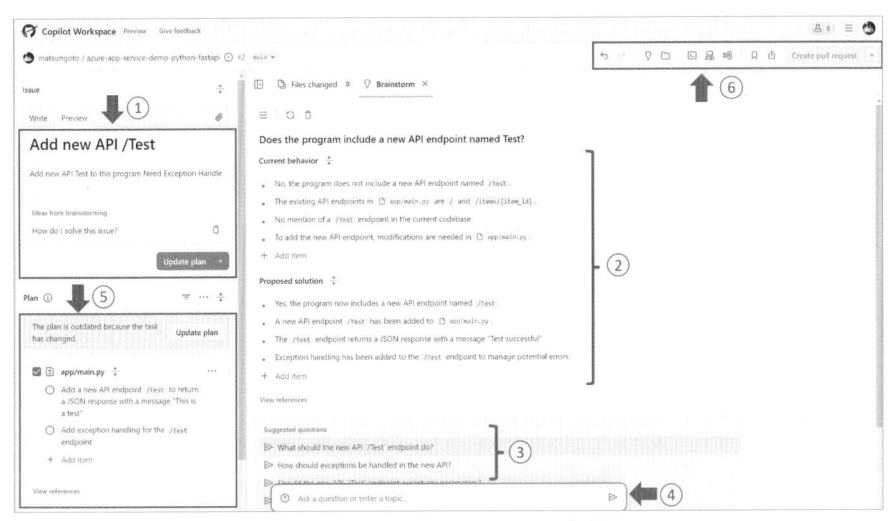

GitHub Workspace

▲ 8-3 GitHub Workspace 介面

右上方功能列 (圖中⑥) 分別為開啟 Undo、Redo、BrainStorm、Toggle File Tree、Open Commands、Open Codespace、Open in Visual Studio Code、Bookmark 與 Share。

GitHub Workspace 提供即時編輯儲存庫內程式碼、執行命令功能，使用者無需離開 GitHub Workspace。如下圖所示，你可以點選右上方 Toggle File Tree 按鈕，選擇任一程式碼檔案檢視與編輯程式碼。

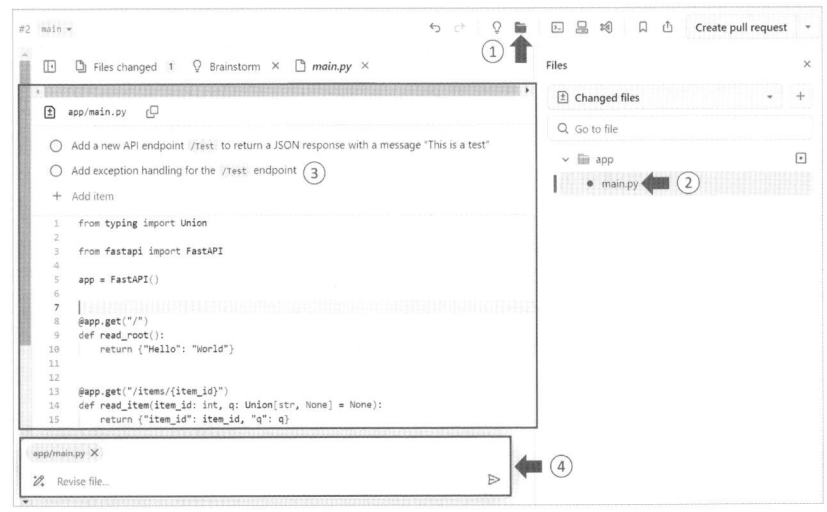

▲ 8-4 GitHub Workspace 編輯程式碼介面

8-5

8 GitHub Copilot 相關服務

身為開發顧問，過往我們不建議使用者在沒有語法提示、偵錯與建置的編輯環境進行開發，主因在於容易人為失誤導致不可預期的系統錯誤。GitHub Workspace 提供 Revise File 方式進行編輯，你只需要輸入想要修改的提示詞，GitHub Workspace 即會協助調整程式，大幅降低語法錯誤情況發生。如下圖所示，點選下方「Change Mode 按鈕」並選擇 Revise Mode，輸入提示詞：【Add exception handling for the `/Test` endpoint】後點選【Submit】按鈕送出。

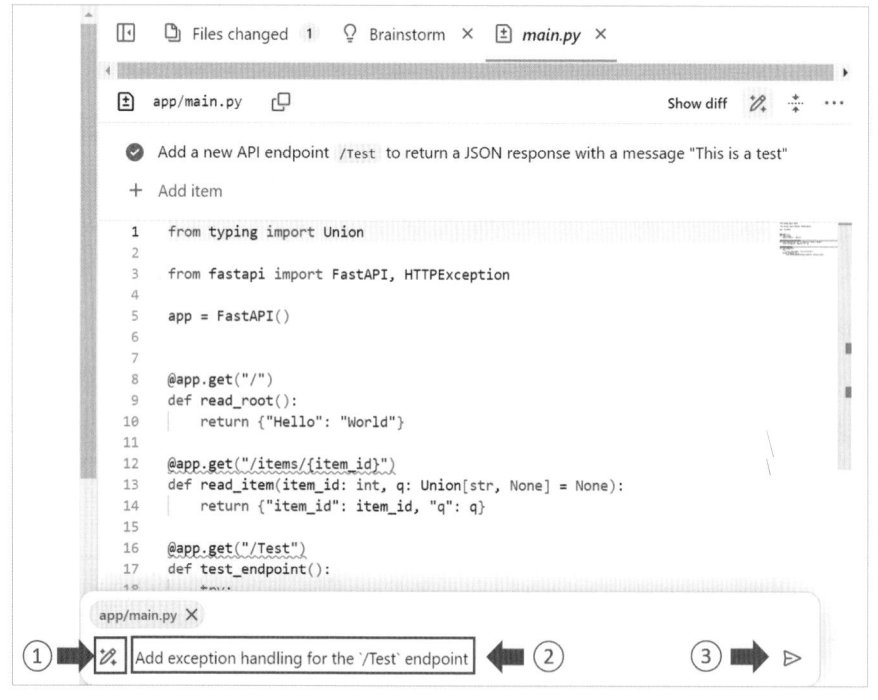

▲ 8-5 GitHub Workspace Revise Mode

如下圖所示，GitHub Worksapce 將修正建議放入上方項目內，並即時調整程式碼以符合需求，使用者可以點選右上方【Show diff/Hide Diff】按鈕檢視差異。理所當然，如果對於生成內容需要調整，也能手動調整內容，但請謹慎以避免部必要的人為失誤。

更好的建議是經過修正建議後，透過 Open Codespace 與 Open in Visual

Studio Code 方式，在 Visual Studio Code 內進行建置與執行，再次確認程式碼正確性與可執行性。

注意：GitHub Codespaces 是一種隨開即用、雲端式開發環境，可以視為 Visual Studio Code 線上版本，更多資訊可以參考：https://ithelp.ithome.com.tw/users/20091494/ironman/7995

▲ 8-6 GitHub Workspace 加入修正事項並調整程式碼

Worksapce 使用簡介

我們簡單以一個建立新的 API Issue 為例，透過 GitHub Workspace 自動規劃、產生規格文件、生成程式碼、建置執行、建立 Pull Request、Code Review 與合併。

8 GitHub Copilot 相關服務

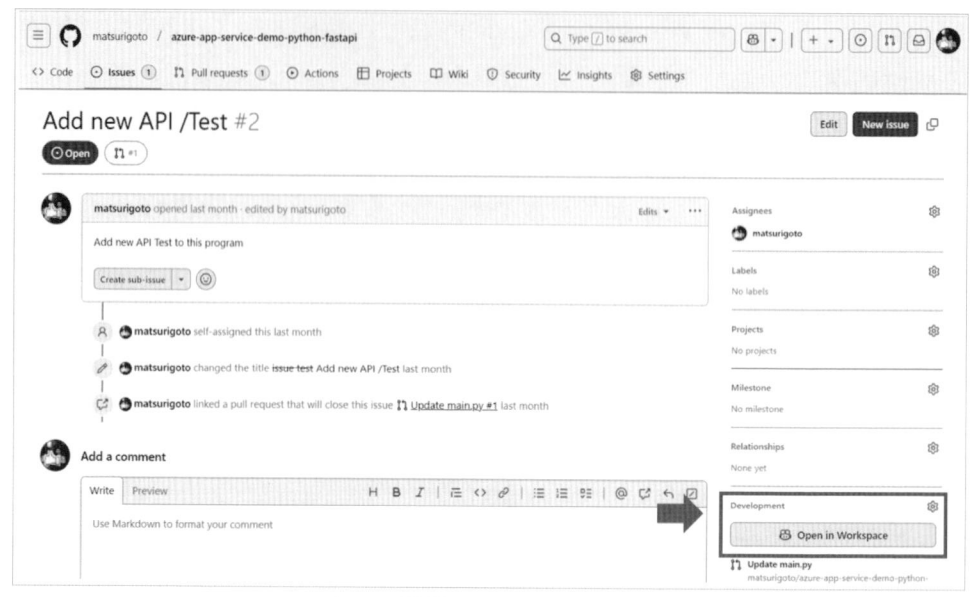

▲ 8-7 啟動 GitHub Workspace

經過 BrainStorm 功能，我們加入幾個想法，也調整好 Issue 描述後，即可點選「Update Plan」按鈕。

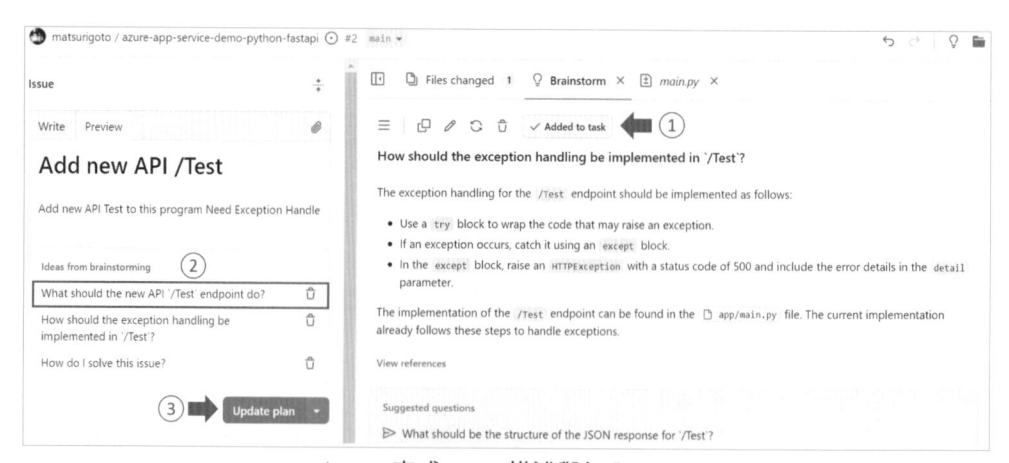

▲ 8-8 完成 Issue 描述與加入 Ideas

Plan 以條列方式列出修改內容與程式碼修改前後差異。我可以檢視並調整內容以確保程式碼符合需求。完成後點選「Update selected files 按鈕」。

8-8

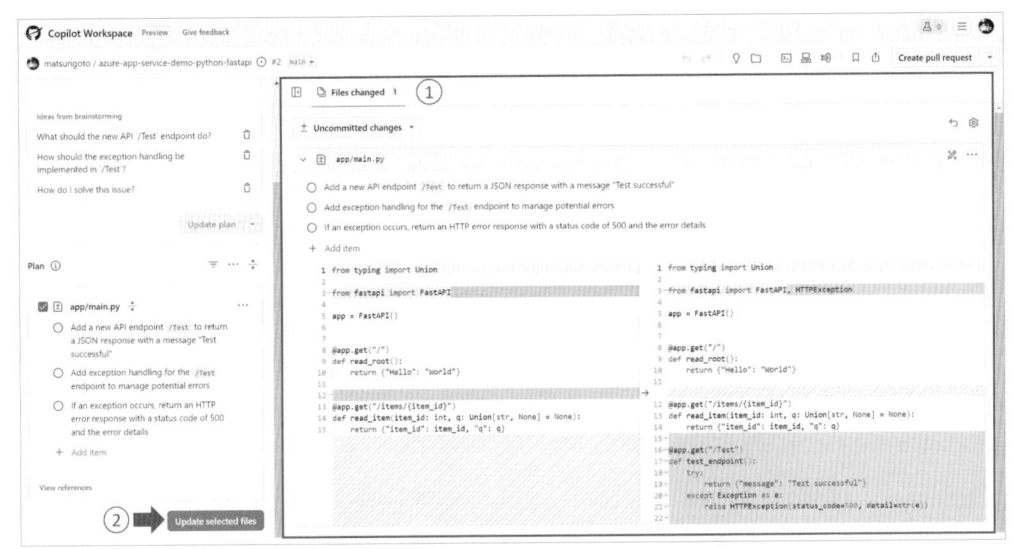

GitHub Workspace

▲ 8-9 檢視程式碼建議內容並進行調整

最後，我們可以點選「Create pull request」按鈕，完成這次 Issue 修改並出送審核。

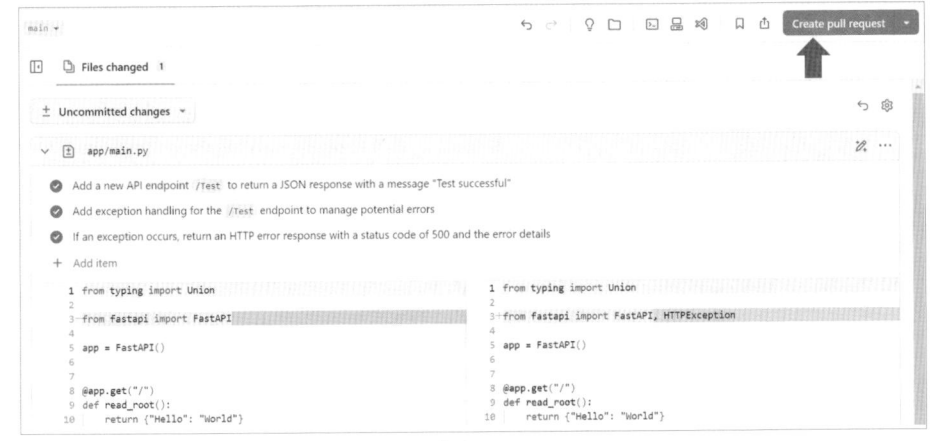

▲ 8-10 建立 Pull Request

透過這一系列的介紹，讀者可以感受到 GitHub Workspace 是**開發環境的一場革命**，它將 AI 技術深度整合到開發流程中，讓開發者能夠更高效地從想法到程式碼的轉化，除了輔助開發者釐清需求訂定詳細的工作步驟，也整合

8 GitHub Copilot 相關服務

GitHub Issue、程式撰寫環境與 GitHub Copilot，大幅提升開發者的生產力，是非常值得關注的一個服務。

注意：目前 GitHub Workspace 已經可以測試使用，有興趣的讀者可以嘗試看看 (https://githubnext.com/projects/copilot-workspace)

▶ GitHub Spark

GitHub Spark 是 GitHub 推出的一款 AI 驅動工具，專為創建和分享微型應用程式（小型網頁應用）而設計。提供一種無需編寫或部署程式碼的無程式碼解決方案，讓使用者能夠透過自然語言描述來客製化應用，並直接在桌面或行動裝置上使用。

儘管 GitHub Spark 主要客群為無程式碼開發經驗的使用者，但經驗豐富的開發者仍可查看與編輯程式碼。在應用建立過程中，GitHub Spark 會自動生成 GitHub 儲存庫、啟用 GitHub Actions，並無縫整合多種雲端服務，無需額外管理。此外，使用者可以即時預覽應用的變更，輕鬆調整每一個設定選項，並自動儲存每次迭代的版本，以方便使用者隨時比較與回溯。

目前正在 TECHNICAL PREVIEW 階段，尚未對外公開預覽使用，但有興趣的讀者可以加入試用等待佇列加入。前往官方網站可以獲取更多資訊：
https://githubnext.com/projects/github-spark

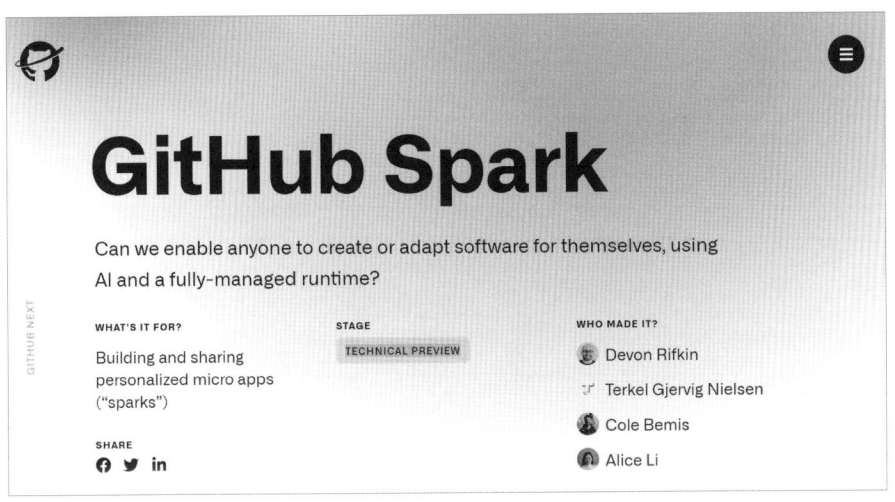

▲ 8-11　GitHub Spark 官方網站

8 GitHub Copilot 相關服務

9

GitHub Copilot 挑戰與限制

- 常見迷思與問題
- 版權與倫理
- 工具限制與未來展望

9 GitHub Copilot 挑戰與限制

▶ 常見迷思與問題

隨著 GitHub Copilot 和 **人工智慧（AI）輔助開發** 的普及，開發者能夠以更高的效率撰寫程式碼、進行程式碼審查，甚至產生測試與除錯。然而，許多人對 AI 輔助開發仍然存在一些迷思和誤解，導致錯誤地高估或低估其能力。本章將探討開發者在使用 AI / GitHub Copilot 時最常見的迷思、疑問與誤解，並提供清晰的說明，幫助開發者更好地理解如何正確使用這些工具。

迷思一：**GitHub Copilot 能完全取代開發者？**

問題：AI 已經可以產生完整的程式碼，因此開發者將被取代，意味著未來將不需要開發者。

事實：GitHub Copilot 是**開發者的輔助工具，而非替代品**。它可以自動補全程式碼、提供建議，但仍然需要開發者進行**邏輯驗證、除錯、最佳化**，確保程式碼符合專案需求。

結論：AI 不會取代你的工作，但善用 AI 的人會取代你。如果你能善用 AI，將能在技術領域中保持領先地位，成為真正的技術領導者（Be a Technical Leader）。

迷思二：**Copilot 產生的程式碼總是正確的？**

問題：AI 生成的程式碼來自龐大的訓練數據，因此不會出錯或產生漏洞，且具有相當好的品質，不需要 Code Review。

事實：AI 生成的程式碼可能包含錯誤、安全漏洞，甚至不符合最佳實踐。GitHub Copilot 並不能完整理解您的專案需求，而是基於訓練數據提供**最可能符合語境的建議**，但這些建議仍需開發者自行驗證。

結論：你做不到的事情，AI 就做不到。AI 只能提供建議，但開發者仍需具備判斷與驗證的能力，才能確保程式碼的正確性。

迷思三：Copilot 提高生產力，但 Code Review 時間增加

問題：團隊使用 GitHub Copilot 來提高開發效率，但審查（Code Review）時間卻變長了，尤其是資淺開發者無法有效驗證 AI 產出的程式碼，導致錯誤累積，最終花費更多時間除錯。

挑戰：GitHub Copilot 讓開發者能夠快速產生大量程式碼，但如果開發者**缺乏對程式碼品質的理解**，可能會帶來額外的技術負擔。例如：

- 資淺開發者可能**直接使用 AI 生成的程式碼，而未進行驗證**，導致錯誤進入正式程式碼庫。
- Code Review 需要花費更多時間來檢查 AI 生成的程式碼，確保它符合專案標準。
- 某些 AI 產生的程式碼可能是低效能或有安全風險的，需要資深開發者額外修正。

如何解決 Copilot 導致的 Code Review 負擔？

- 建立 Copilot 最佳實踐指南 – 為團隊制定 AI 生成程式碼的審查標準，確保每位開發者都了解如何驗證 AI 產出的內容。
- 優化 Code Review 機制 – 資深開發者應指導資淺開發者如何檢視 Copilot 生成的程式碼，而非盲目接受 AI 的建議。
- 結合靜態分析工具 – 使用 CodeQL、ESLint、SonarQube 等工具，幫助自動偵測 AI 可能產生的安全漏洞與邏輯錯誤。
- 定期培訓團隊 – 讓開發者了解 AI 的限制，提高他們對 AI 產生內容的批判性思考能力。
- **結論**：AI 生成的程式碼雖然快速，但團隊仍需建立明確的 Code Review 流程，確保品質並減少錯誤累積。技術領導者應引導團隊正確使用 AI，而非單純追求開發速度。

9 GitHub Copilot 挑戰與限制

迷思四：生成工具對學校教育的衝擊

問題：這幾年擔任業界講師，曾與幾位教授討論到 GitHub Copilot 對於程式教學的影響：「學生現在可以直接使用 GitHub Copilot 來生成程式碼，雖然完成了作業與考試，但他們不理解背後的邏輯與概念，導致教學效果受到了影響」。

挑戰：GitHub Copilot 在學術領域引發討論，許多教師發現，學生能夠生成正確的程式碼，但不一定真正理解程式運作方式。這使得傳統的程式設計教學方式需要更新，以確保學生學習到邏輯思考、問題解決能力，而不只是讓 AI 幫助完成作業。

如何應對 Copilot 帶來的教育變革？

- **強調基礎概念**：教師應該強調演算法、資料結構、設計模式，而不只是要求學生寫出可執行的程式碼。

- **引入 AI 輔助學習**：鼓勵學生使用 GitHub Copilot，但要求他們解釋程式碼的邏輯，而不是僅僅複製 AI 提供的答案。

- **評估程式碼理解能力**：考試與作業可以設計成「讓學生解釋程式碼為何這樣寫」或「分析 AI 產生的程式碼是否有錯誤」。

結論：AI 改變了學習方式，但真正的程式設計能力仍然來自於理解與應用，而非單純的程式碼生成。

GitHub Copilot 並非魔法工具，它能夠提高開發效率、減少重複性工作，但同時也帶來新的挑戰，如增加 Code Review 負擔、影響教育方式。下列彙整使用 GitHub Copilot 的最佳做法

1. 將 AI 產生的程式碼視為參考，而非最終結果。
2. 強化 Code Review，確保 AI 生成的內容符合專案品質。
3. 資深開發者應指導資淺開發者，確保 AI 工具的正確使用。
4. 建立團隊最佳實踐，確保 Copilot 的使用不影響專案開發流程。

AI 是強大的輔助工具，但真正的價值來自於開發者如何正確使用它。當你能夠駕馭 AI，並將其融入開發流程時，你將能夠在這個時代保持競爭力，成為真正的技術領導者！

▶ 版權與倫理

GitHub Copilot 是基於 OpenAI Codex 技術開發的 AI 輔助程式碼生成工具，能夠根據使用者的輸入提供建議。然而，這種 AI 驅動的技術也引發了許多版權與倫理方面的討論。

1. **程式碼來源與版權問題：** Copilot 是基於大量公開程式碼訓練而成，這些程式碼可能來自開放原始碼專案，甚至是有版權限制的程式碼。這導致了一個關鍵問題：AI 生成的程式碼是否受原始授權條款約束？
    - 若 Copilot 生成的程式碼與 GPL 授權的程式碼相似，使用者是否需要遵循相同的開放原始碼規則？
    - 是否可能誤用受專利保護或具有商業機密的程式碼？

2. **AI 生成內容的歸屬：** 由於 AI 是根據大量程式碼訓練而來，其產出的內容是否算作「原創作品」仍存在爭議。使用者是否可以將 Copilot 生成的程式碼視為自己的創作，或是應歸屬於 Copilot 本身或其訓練數據來源？

3. **法律風險與責任歸屬：**
    - 若 AI 生成的程式碼涉及侵犯版權，責任應歸屬於 GitHub、AI 模型開發者，還是最終使用該程式碼的開發者？
    - 企業在採用 Copilot 時，是否需要額外的法務審查，以確保其開發的專案不涉及潛在的版權問題？

9 GitHub Copilot 挑戰與限制

▶ 工具限制與未來展望

雖然 GitHub Copilot 在程式開發上提供了極大的便利，但它仍有許多技術與實務上的限制。

1. **缺乏程式碼理解能力**：Copilot 雖然可以根據上下文提供程式碼片段，但它並不真正「理解」程式碼的邏輯，可能會產生不符合需求的結果。例如，它可能生成不安全的程式碼，或忽略邏輯錯誤，導致潛在漏洞。

2. **無法保證最佳實踐**：Copilot 提供的建議可能不是最優解，尤其在安全性、效能或可讀性方面可能存在問題。開發者仍需要自行審查 AI 產出的內容，以確保符合專案的品質標準。

3. **隱私與安全風險**：
   - 若 Copilot 在處理私人專案時，是否可能無意間洩露敏感資訊？
   - 企業在使用 Copilot 時，是否應避免在機密專案中啟用該工具，以防潛在資訊洩露？

儘管 Copilot 目前仍面臨許多挑戰，但 AI 驅動的開發工具仍具有廣泛的發展潛力。未來，AI 訓練方式將進一步優化，特別是在程式碼的合法性與授權問題上，可能透過標記原始碼的授權條款來避免生成受限制的程式碼。此外，Copilot 也將與安全分析工具進一步整合，以檢測程式碼中的漏洞，並提供更優化的開發建議，提高程式碼品質。

同時，未來版本的 Copilot 預計會賦予開發者更大的控制權，提供更多自訂選項，例如讓開發者選擇 AI 訓練數據的來源，或限制某些類型的程式碼生成，進而提升工具的透明度與可控性。此外，隨著 AI 技術的不斷進步，相應的法律與政策也將同步發展，以確保開發者、企業與開放原始碼社群之間的權益取得平衡。

AI 在軟體開發領域的應用正處於快速演進的階段，GitHub Copilot 的出現無疑為開發者帶來了新的可能性。然而，如何在享受 AI 帶來的便利的同時，確保合法性、安全性與道德標準，將是未來 AI 開發工具發展的重要課題。

10

参考資料

10 參考資料

[1] Ya gao, & Github customer research. (2024, May 13). Research: Quantifying GitHub Copilot's Impact in the Enterprise with Accenture. GitHub. https://github.blog/news-insights/research/research-quantifying-github-copilots-impact-in-the-enterprise-with-accenture/

[2] Mario rodriguez. (2023, October 10). Research: Quantifying GitHub Copilot's Impact on Code Quality. GitHub. https://github.blog/news-insights/research/research-quantifying-github-copilots-impact-on-code-quality/

[3] Thomas dohmke. (2024, May 14). Research: Quantifying GitHub Copilot's Impact on Code Quality. GitHub. https://github.blog/news-insights/research/research-quantifying-github-copilots-impact-on-code-quality/

[4] Jared bauer. (2025, February 6). Does GitHub Copilot Improve Code Quality? Here's What the Data Says. GitHub. https://github.blog/news-insights/research/does-github-copilot-improve-code-quality-heres-what-the-data-says/

[5] Inbal shani, & Github staff. (2024, February 7). Survey Reveals AI's Impact on the Developer Experience. GitHub. https://github.blog/news-insights/research/survey-reveals-ais-impact-on-the-developer-experience/

[6] AI at Work Is Here. Now Comes the Hard Part. (2024, May 8). Microsoft. https://www.microsoft.com/en-us/worklab/work-trend-index/ai-at-work-is-here-now-comes-the-hard-part

[7] Subscription Plans for GitHub Copilot. GitHub Docs. https://docs.github.com/en/copilot/about-github-copilot/subscription-plans-for-github-copilot